Die Welt der Planeten

M. W. Meyer

Alpha Editions

This edition published in 2022

ISBN : 9789356710993

Design and Setting By
Alpha Editions
www.alphaedis.com
Email - info@alphaedis.com

Die Welt der Planeten

By Max Wilhelm Meyer

Wie groß und schön erscheint uns die Welt unserer Erde! Vor der Erkenntnis der wahren Einrichtung des Weltgebäudes und seiner Dimensionen, die kaum mehr als drei Jahrhunderte alt ist, war ja die Erde die eigentliche Welt in ihrem hauptsächlichsten Umfange, und all die Sterne, die sich wie unterwürfige Vasallen um sie drehten, galten in dieser Weltanschauung nur als Nachtlichter, die keine andere Aufgabe hatten als das sonst gar zu bedrückend schwarze Himmelsgewölbe nachts zu beleben.

Welch eine unendliche Fülle des Geschaffenen birgt diese Welt der Erde! Die Meere verbreiten sich fast unbegrenzt über sie hin, erfüllt mit Millionen und aber Millionen von Lebewesen aller Art, und ihre Wunder beleben noch die letzten finstern Tiefen. Hoch bis über die Wolken erheben sich die schneebedeckten Häupter der Bergriesen, und in den Ebenen zu ihren Füßen dehnen sich Wälder und grüne Matten, unterbrochen von den Städten der Menschen, über anderthalb tausend Millionen an Zahl, die diese weite Schöpfung zu beherrschen lernten, und deren Geist sich in alle Höhen und Tiefen schwingt. Wie geheimnisvoll arbeitet es in jeder Ader, in jedem Blatt, wie unendlich vielartig verschlungen ist das Geschehen dieser Welt allein! Überblickt man von ihr auch nur einen fast verschwindend kleinen Teil, so erkennt man die Unmöglichkeit, auch nur diesen Ausschnitt unserer Erdenwelt in seinem Wesen völlig zu erfassen und zu durchdringen, und wir bewundern die Größe der Schöpfung in jedem Infusor.

Und diese unermeßlich große schöpferische Kraft sollte sich dort oben am stillen Himmel noch unermeßlich viele Male wiederholen? Der Gedanke ist eben in Wirklichkeit unfaßbar; noch heute weigert sich der einfache Menschenverstand, seine Möglichkeit nur anzunehmen. Die vierhundert Jahre, die seit der Großtat des Kopernikus verflossen sind, genügten bei weitem nicht, diesem revolutionärsten Gedanken, der je gedacht worden ist, und der diese ganze Erdenschöpfung aus dem Mittelpunkt der Welt verdrängte, allgemeines Bürgerrecht zu verschaffen. Predigt man die neue Lehre auch allerorten, so ist sie doch nur wenigen wirklich in Fleisch und Blut gedrungen. Hält sich nicht jeder einzelne, mit den wenigen Ausnahmen innerlich bescheidener Menschen, für das wichtigste Glied seiner besonderen Gemeinschaft, nicht für nur einen unter Millionen, und gibt es nicht heute noch Herrscher, die meinen, daß von ihnen allein alle Macht ausgehe, während auch sie regiert werden, wie sie regieren, Glieder sind in einer Reihe von Verkettungen mächtigerer Einflüsse, als sie sie jemals üben können! So vermögen es sich auch nur wenige vorzustellen, daß diese so unfaßbar große Erde nur ein kleines Glied in einer höheren Organisation sein solle, in dem Planetensystem, wo Weltkörper, zum Teil noch viel größer als unsere Erde, Spielbällen gleich, mit ihr gemeinschaftlich um die Sonne kreisen, von ihr in jeder Sekunde um viele Kilometer weit durch den leeren Raum getrieben. Ein ungeheurer Gedanke, von dem man wohl begreifen kann, daß er Jahrhunderte braucht, um selbst in hervorragenden Köpfen ganz zur Reife zu kommen.

Das *Weltsystem des Ptolemäus* war dagegen menschlich viel verständlicher. In dem *Münchener Deutschen Museum*, das sich den Physiksaal der Berliner Urania, vielfach vergrößert und vervollkommt, zum Vorbild genommen hat, ist ein sehr anschauliches, bewegliches Modell des ptolemäischen Weltsystems ausgestellt (Abb. 1). Wir sehen, wie die Erde im Mittelpunkte ruhig steht, und wie von ihr eine Reihe von Stangen ausgeht, die die Planeten tragen. Zu diesen gehörten damals auch Sonne und Mond. Diese beiden sind in dem Modell unmittelbar an den Enden der um die Erde laufenden Stangen befestigt; dagegen trägt das Ende der andern für Merkur, Venus, Mars, Jupiter und Saturn bestimmten Stangen je wieder einen Stangenast, der sich seinerseits um das Ende der ersteren Stange in gewissen, für jeden Planeten verschiedenen Zeiträumen dreht. Erst am Ende dieser Stangenäste befinden sich die Planeten, die sich also einmal um einen leeren Punkt (am Ende jener mit der Erde unmittelbar verbundenen Stange) und erst mit diesem um die Erde selbst drehen. Wir können mit eigener Hand das ganze System in Bewegung setzen, und das Modell demonstriert uns dann ad oculos, daß es wirklich so geht, daß man nämlich die Bewegungen der Planeten, wie wir sie mit diesen selben Augen am Himmel beobachten, durch eine relativ einfache, mechanische Vorrichtung nachahmen kann. Weshalb sollten die Alten, die von den wahren Wirkungen der Naturkräfte noch so wenig wußten, sich nicht denken können, von der Erde gingen derartige Stangen aus, die an Gelenken oder Ästen die Planeten trugen, während alles von einem geheimnisvollen Uhrwerk im tiefsten Innern der Welt umgetrieben wurde?

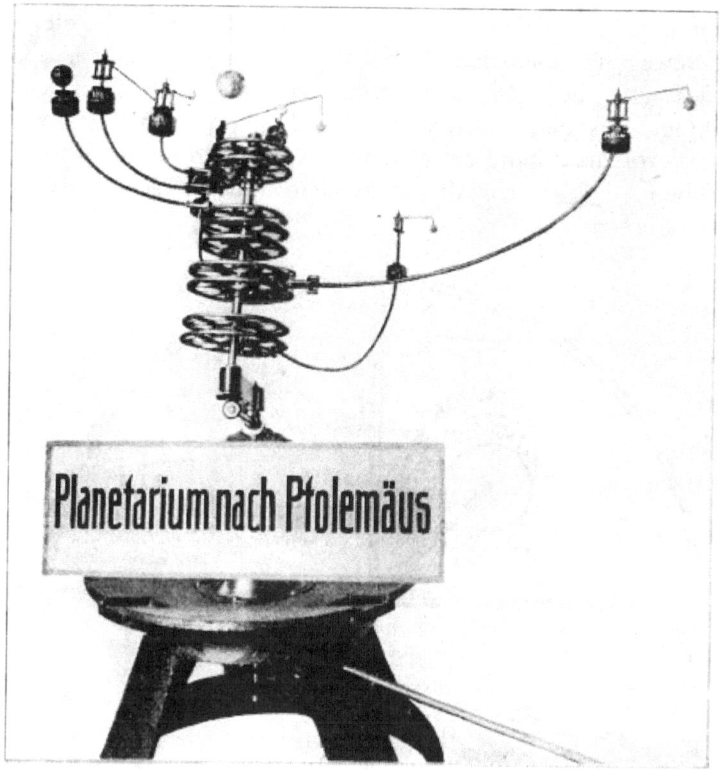

Abb. 1.

Die Gelenke, an denen sich die Planeten befanden, waren dadurch notwendig geworden, weil man gesehen hatte, daß diese »*Wandelsterne*« nicht wie Sonne und Mond immer in gleicher Richtung den Himmel umwandelten, sondern zuweilen in ihrem Laufe stillstanden, zurückgingen, »*rückläufig*« wurden, wie man es auch heute noch nennt, wieder stillstanden und dann erst ihren gewöhnlichen Lauf von neuem aufnahmen. Dies konnte man durch jene doppelte Bewegung ohne weiteres erklären. Das Modell zeigt es. Wenn der Planet an seiner Gelenkstange, wie ich sie einmal ganz einfach nennen will, gerade zwischen dem Punkte, um den er sich an dem Gelenke dreht, und der Erde vorbeikam, so bewegte er sich in umgekehrter Richtung wie der Gelenkpunkt selbst, der gleichmäßig um die Erde läuft. Der Planet wurde rückläufig. Wenn er aber jenseits stand, so summierten sich beide Bewegungen, der Planet lief schneller als gewöhnlich, und zwar *rechtläufig*; zwischen beiden Stellungen lagen *Stillstandspunkte*, in denen sich der Planet an seinem Gelenk entweder gegen die Erde hin oder von ihr weg bewegte. Den um die Erde selbst beschriebenen Kreis nannte man den *Deferenten*, den Kreis, den der Planet um seine Gelenkstange beschrieb, deren Bewegungspunkt auf der Peripherie des Deferenten um die Erde lief, bezeichnete man als *Epizykel.* Je nach der Auswahl der Größe dieser Kreise und der Bewegungsgeschwindigkeiten auf ihnen gelang es, die beobachteten *Schleifenbildungen* der Planeten am Himmel durch solch einen Uhrwerkmechanismus nachzuahmen. Mehr konnte man damals nicht verlangen. Ptolemäus hatte die Planetenbewegungen durchaus befriedigend »beschrieben«. Abb. 2 zeigt diesen Mechanismus in einer handgreiflichen Konstruktionsweise.

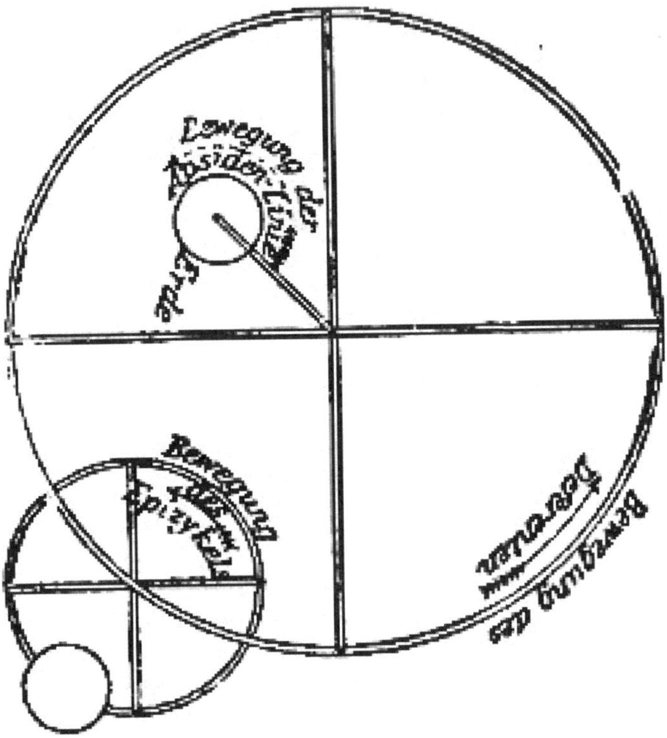

Abb. 2. Epizyklischer Bewegungsmechanismus nach Ptolemäus.

Ob die Dinge sich wirklich so verhielten, wie es diese Konstruktion darstellte, darüber hat sich Ptolemäus niemals ein Urteil erlaubt. Er blieb als echter beschreibender Forscher durchaus auf dem Standpunkte stehen, den ihm die Kenntnisse seiner Zeit anwiesen, und stellte seine Annahme nur als eine »Arbeitshypothese« hin, auf deren Basis weiter geforscht werden konnte. Im Gange einer exakten Forschung sind immer drei Stufen hervorgetreten. Die erste erforscht das »Was«, die zweite das »Wie« und die dritte erst das »Warum«. Ptolemäus stand noch auf der Stufe, die zu erforschen hatte, was am Himmel vor sich ging, und dies brachte er in eine mathematisch leicht zu übersehende und nachzubildende Form. Wie diese Bewegungen in

Wirklichkeit stattfanden, und warum sie gerade so und nicht anders geschehen konnten, das waren die beiden Stufen, die erst nahezu nach zweitausendjähriger Beobachtungsarbeit *Kepler* und *Newton* ersteigen konnten.

Kopernikus, nach dem das neue System benannt werden muß, da er die umwälzende Idee zuerst in eine strenge Form brachte, hatte dennoch jene zweite Forschungsstufe nicht erreicht, und er selbst hat auch niemals Anspruch darauf erhoben. Er hatte nur erwiesen, daß die unbekannten Einrichtungen, dic die Planeten bewegten, sich außerordentlich viel einfacher gestalten, wenn man sich die Erde nicht mehr stillstehend, sondern sich um die Sonne drehend dachte, um die auch die andern Planeten, mit Ausnahme des Mondes, sich ebenso wie die Erde bewegten. Dann konnte man alle jene Epizykel mit einem Male aus dem Uhrwerk fortlassen, ohne daß die Wiedergabe der beobachteten Bewegungen darunter leiden mußte. Aber auch Kopernikus konnte gewisse epizyklische Bewegungen noch nicht entbehren, worauf wir hier nicht näher eingehen können. Sein System blieb immer noch recht kompliziert. Es hatte zwar sehr viel mehr Wahrscheinlichkeit für sich als das ptolemäische, konnte aber für seine wirkliche Existenz ebensowenig einen triftigen Grund angeben wie dieses.

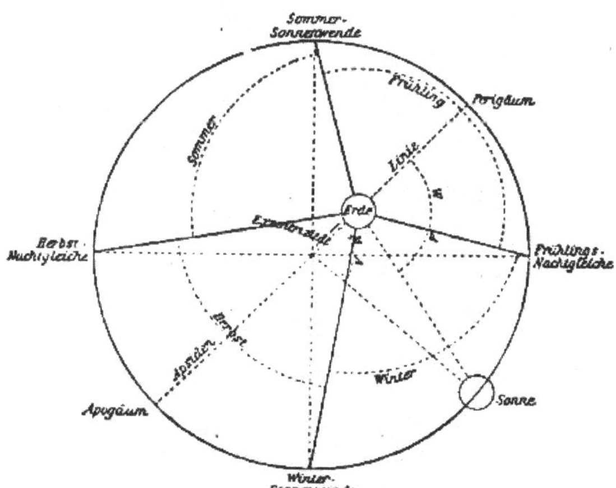

Abb. 3. Erklärung der ungleichförmigen Bewegung der Sonne nach Hipparch.

Namentlich blieben manche Bewegungseigentümlichkeiten unerklärlich, die zum Teil schon *Hipparch*, der Nachfolger des Ptolemäus auf dem astronomischen Lehrstuhl in Alexandrien, entdeckt hattc. Er sah, daß die Sonne sich durchaus nicht gleichmäßig um die Erde bewegte; im Winter lief sie schneller als im Sommer. Da man nun an eine andere als eine Kreisbewegung gar nicht zu denken wagte, weil sie für ihn außerhalb aller mechanischen Erklärungsmöglichkeit lag, so konnte man sich nicht anders helfen, als daß man die Erde doch bereits aus dem eigentlichen Mittelpunkte aller Bewegung rückte. Sobald sie, entsprechend der Abbildung 3, zu dem von der Sonne jährlich beschriebenen Kreise exzentrisch steht, erklärt sich jene jahreszeitlich wechselnde Geschwindigkeit ihrer Umlaufsbewegung. Da man die Ursache aller dieser Bewegungen nicht kannte, und ja auch die epizyklische Bewegung um einen leer gedachten Punkt stattfand, so konnte man sich auch diese Lage des Bewegungszentrums der Sonne außerhalb des Erdkörpers wohl als möglich vorstellen. Nun zeigte auch der Mond diese periodische Beschleunigung und Verlangsamung seiner Bewegung, die wieder nur darzustellen war, wenn man das Zentrum seines exzentrischen Kreises an einen andern Punkt verlegte als das für die Sonne. Und noch dazu zeigte es sich, daß die Lage dieses Zentrums selbst wieder sich in etwa neun Jahren um die Erde bewegte. Ähnliches fand man später auch bei den Planetenbewegungen, die in ihren verschiedenen Stellungen zur Erde ungleiche Schleifen durchliefen. Alle diese Ungleichheiten konnte auch Kopernikus nicht anders erklären, als es schon Hipparch getan hatte. Er blieb an der Überzeugung von der in Wirklichkeit gleichmäßig schnellen Bewegung der Himmelskörper in Kreisen hängen.

Erst *Kepler* räumte mit allen diesen Schwierigkeiten auf, indem er die exzentrischen Kreise durch *Ellipsen* ersetzte. Seine drei Grundgesetze aller Bewegungen im Planetensystem heißen:

1. *Alle Planeten bewegen sich in Ellipsen um die Sonne, in deren einem Brennpunkt sie steht.*

2. *Die Bewegungen in diesen Ellipsen finden so statt, daß die von der Verbindungslinie zwischen Sonne und Planet, dem sogenannten Radiusvektor, beschriebenen Flächen den dazu verwendeten Zeiten proportional sind.*

3. *Die Kuben der Entfernungen der Planeten von der Sonne verhalten sich wie die Quadrate ihrer Umlaufszeiten.*

Mit diesen drei einfachen Gesetzen ließen sich nicht nur alle beobachteten Bewegungen der Planeten auf das genaueste durch die Rechnung wiedergeben, sondern man hatte sogar durch sie ein Mittel gefunden, die relativen Entfernungen im System festzuhalten, worüber man bis dahin nur ganz ungefähre Vermutungen haben konnte.

Kepler hatte entdeckt, *wie* die Planeten sich bewegen; warum es so sein mußte, fand kaum fünfzig Jahre später *Newton*, indem er nachwies, daß die Ursache aller dieser Bewegungen keine andere sei als die, die auch den Stein aus unserer Hand zur Erde fallen läßt, der allgemeinsten von allen täglichen Erscheinungen. Aus dem einen *Gesetz der Gravitation oder der allgemeinen Schwere*, das besagt, daß alle Körper, welcher Art sie auch seien, alle andern Körper in gleicher Weise anziehen, und zwar so, daß diese Anziehung mit der Masse direkt proportional zu- und mit dem Quadrat der Entfernung abnimmt, lassen sich die drei Keplerschen Gesetze als logische Folgen mathematisch ableiten. Alle Bewegungen der Körper unseres Planetensystems bis in ihre letzten Feinheiten, die unsere haarspalterische Beobachtungskunst aufdeckt, sind einzig und allein aus diesem einen Gesetze für Jahrhunderte und Jahrtausende in Vergangenheit und Zukunft zu berechnen. Theorie und Erfahrung sind im vollkommenen Einklange miteinander, das Gebäude der Himmelsmechanik steht vollendet da; nur Einzelheiten sind noch auszuarbeiten, besonders, wenn die Erfahrung neue Tatsachen herbeigeschafft hat, die sich aber bisher stets mit der Theorie in Einklang bringen ließen, wenn auch in einzelnen verwickelten Fällen dieser Einklang nicht sofort zu erzielen war. Wir werden im folgenden einige solcher Fälle näher zu betrachten haben, wo eine anfängliche Disharmonie stets in einen neuen Triumph des großen einheitlichen Gesetzes ausklang.

Dieses *Newtonsche Weltgebäude* ist also nicht als eine unter vielen denkbare Hypothese anzusehen, wie es die vorangehenden Weltansichten waren, sondern als die eine große Wahrheit, zu der alle denkenden Geschöpfe gelangen müssen, als dem letzten Triumph ihrer logischen Kraft, in welchem unbekanntesten Winkel des Weltalls sie auch leben, und wie wenig sie auch sonst uns Menschen gleichen mögen; nur müssen sie Augen haben, die hehren Bewegungen der Gestirne zu sehen. Denn es hat sich herausgestellt, daß auch alle Bewegungen der Gestirne außerhalb unseres Planetensystems, soweit wir sie verfolgen können, nach diesem selben Gesetze stattfinden. Diese Überzeugung, der allgemeinsten Wahrheit zu dienen, erhebt unsern Geist machtvoll über das kleinliche Getriebe der Menschenwelt, die tausend Wahnideen für ewige Wahrheiten nimmt, um sich in ihnen schmerzvoll zu verwirren.

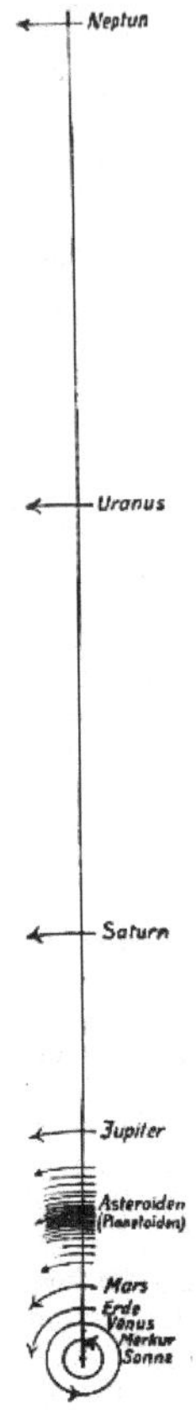

Abb. 4.

Unsere Erde ist ein für allemal als ein kleines Glied in diesen wunderbaren Organismus eingereiht. Wähnte das anmaßende Menschengeschlecht einstmals den größten Teil der Welt zu beherrschen, so müssen sich heute seine Machthaber mehr und mehr an den Gedanken gewöhnen, daß sie nur einen kleinen Teil einer Provinz in einem Reiche, dem der Sonne, verwalten, in dem noch Millionen ähnlicher Weltkörper in den unermeßlichen Räumen des allumfassenden Milchstraßensonnenschwarmes ihren unbekannten Zielen entgegeneilen.

Ob unsere so völlig in der großen Gemeinschaft verschwindende Erdenwelt zu den schöneren und bestorganisierten dieser Weltkörper gehört? Das wäre ein gewisser Trost für das von seinem Thron im erträumten Mittelpunkte der Welt für immer verwiesene Menschengeschlecht.

In einem andern Kosmosbändchen habe ich die Leser zum Monde hinaufgeführt, der uns nächsten außerirdischen Welt. Dabei haben wir gesehen, daß der Mond ein von der Erde sehr verschiedenes Weltwesen ist, dessen Organisation auf keinen Fall die Schönheit und Fülle unserer Erdenwelt aufweisen kann. Wie steht es in dieser Hinsicht mit den übrigen Planeten? Dieses Büchlein soll einen Überblick dessen geben, was unsere moderne Beobachtungskunst über das Wesen der Planeten in Erfahrung bringen konnte, und zugleich versuchen, Freunde der hehren Sternkunde, die über Fernrohre mittlerer Kraft verfügen, anzuleiten, wie sie sich in diese andern Welten vertiefen und mithelfen können, deren Geheimnisse mehr und mehr zu entschleiern.

Überblicken wir zu diesem Zwecke zunächst die Ausdehnung und Anordnung des Planetenreiches! Wir unterscheiden die *sonnennahen* Planeten, *Merkur*, *Venus*, *Erde* und *Mars*, von den *sonnenfernen Jupiter*, *Saturn*, *Uranus* und *Neptun*, zwischen die sich der Ring kleiner Planeten schiebt. Die relativen Abstände, in denen sich diese Planeten um die Sonne bewegen, können wir nach dem dritten Keplerschen Gesetze ohne weiteres ermitteln, nachdem wir beobachtet haben, in welchen Zeiten sie ihre Umläufe vollenden. Wir finden so, daß Merkur seinen Lauf um die Sonne durchschnittlich in einem Abstande ausführt, der nur ungefähr vier Zehntel unseres Abstandes von der Sonne beträgt. Dieser Abstand der Erde von der Sonne ist die Maßeinheit, die Meile, der Zoll oder Millimeter, mit dem die Astronomen alle Entfernungen im Weltgebäude ausmessen, solange diese nicht doch immer noch zu groß werden für diesen Maßstab. Genauere Zahlen werden später folgen. Die ungefähren Abstände sind in der gleich folgenden Tabelle mitangegeben. Die nebenstehende Abb. 4 veranschaulicht die Verhältnisse des Sonnensystems.

Man sieht, wie die Zwischenräume der Planeten untereinander mit ihrer Entfernung von der Sonne beständig wachsen. Man hat eine einfache Regel dafür gefunden, die aber nicht ganz genau innegehalten wird und namentlich für den letzten, Neptun, sehr schlecht stimmt. Man nennt sie die *Bode-Tituiussche* Regel. In folgender kleinen Tabelle ist sie mit der Wirklichkeit verglichen.

			Wahrer Abstand	Abweichung
Merkur	0,4	0,4	0,39	+ 0,01
Venus	0,4 + 1 × 0,3	0,7	0,72	– 0,02
Erde	0,4 + 2 × 0,3	1,0	1,00	0,00
Mars	0,4 + 4 × 0,3	1,6	1,52	+ 0,08
Jupiter	0,4 + 16 × 0,3	5,2	5,20	0,00

Saturn	0,4 + 32 × 0,3	10,0	9,54	+ 0,46
Uranus	0,4 + 64 × 0,3	19,6	19,19	+ 0,41
Neptun	0,4 + 128 × 0,3	38,8	30,07	+ 8,73

Wir sehen, daß die Faktoren von 0,3 sich mit jedem Planeten verdoppeln. Nur zwischen Mars und Jupiter fehlt der Faktor 8, der, hier eingesetzt, etwa die Mitte der Gruppe der kleinen Planeten angibt. Sehen wir vom Neptun mit seiner großen Abweichung ab, so ist nach dieser Regel wohl anzunehmen, daß eine bestimmte Gesetzlichkeit beim Aufbau unseres Systems stattfand, die nur im Laufe der ungezählten Jahrmillionen, die seither verflossen sind, sich durch unbekannte Einflüsse verwischt hat. Beim sonnenfernsten Planeten sind diese Einflüsse am bedeutendsten gewesen. Trennen auch sehr große Abstände unser System von dem der anderen Sonnen im Weltgebäude, so kann deren Einfluß unter Umständen doch im Laufe so großer Zeiten sehr merklich werden. Die nächste der uns bekannten Sonnen steht von der unsrigen eine Viertelmillion mal weiter ab als wir von dieser. Das macht immer noch 4000 Durchmesser unseres ganzen Systems bis zum Neptun aus. Auch diese Sonne, es ist einer der hellsten Sterne am südlichen Himmel, für uns leider nicht sichtbar, Alpha im Zentauren genannt, wird von einer andern Welt umkreist, die selbst eine Sonne ist. Etwaige dunkle Planeten, wie die unsrigen, die vielleicht auch ihn umgeben, könnten wir aus dieser ungeheuern Entfernung längst nicht mehr sehen.

Für so große Entfernungen wird die für unser System gewählte Maßeinheit zu klein. Man nimmt dafür die Zeit, welche das Licht gebraucht, um von dem betreffenden Sterne bis zu uns zu gelangen, während es bekanntlich 300 000 Kilometer in der Sekunde zurücklegt. Bei dieser ungeheuern Geschwindigkeit braucht das Licht der Sonne bis zu uns immerhin schon 8 Minuten, vom Neptun her 4 Stunden und 8 Minuten, aber von jener nächsten Sonne 4,3 Jahre. Von andern Sternen, deren Entfernungen wir längst nicht mehr ausmessen können, dürfen wir vermuten, daß das Licht Tausende von Jahren braucht, um uns ihre Existenz anzuzeigen.

Wie klein ist solchem Maßstab gegenüber unsere Erdenwelt geworden! Es wäre nur eine Spielerei mit Zahlen, wollten wir solche Dimensionen in menschliche Maße übersetzen. Eine Anschauung könnten uns solche Zahlen selbst für das Planetensystem nicht mehr geben. Für viele wichtige Untersuchungen über die Einrichtungen unserer Planetenwelt und der in ihnen wirkenden Kräfte im Vergleich zu denen auf der Erde ist es aber dennoch von großem Werte, die Entfernungen in unserm System nach einem Maße zu bestimmen, mit dem wir auch die Größe unserer Erde ausmessen können, um diese Größe jenen gegenüberzustellen. War es nun, nach Kenntnis des dritten Keplerschen Gesetzes, ein leichtes, die relativen Entfernungen festzustellen, wie sie weiter oben angegeben sind, so blieb dagegen die Ausmessung der Sonnenentfernung, mit der dann alle andern Dimensionen ohne weiteres gegeben waren, in einem Maßstabe, den wir in Händen haben, also zum Beispiel dem Meter, eine außerordentlich schwierige Aufgabe. Von ihr habe ich schon in meinem Kosmosbändchen »*Sonne und Sterne*«, Seite 9 u. f., gesprochen. Man nennt solche Ausmessung die Bestimmung der *Sonnenparallaxe.* Das ist der Winkel, unter dem der Halbmesser unserer Erde, aus der Entfernung der Sonne gesehen, erscheinen würde. Man hat ihn nach jahrzehntelangen, mühevollen Arbeiten, an denen sich die Astronomen aller Länder beteiligen mußten, zu 8,80 Bogensekunden gefunden, wonach die Sonne durchschnittlich 149 500 000 Kilometer von uns absteht. Aus dieser Zahl kann dann der Leser, wenn es ihm Vergnügen macht, die Millionen von Kilometern berechnen, welche die übrigen Planeten von der Sonne trennen. Wir brauchen im folgenden diese Zahlen nicht und werden sie auch nur gelegentlich anführen. Dagegen interessiert es uns schon mehr zu erfahren, daß etwa 11 700 Kugeln von der Größe unserer ganzen Erdenwelt aneinandergereiht werden müßten, um eine Brücke von uns bis zur Sonne zu bilden.

Sehr merkwürdig ist es, daß die Planeten nahezu in einer Ebene angeordnet sind, daß sie sich also alle nicht sehr über die Ebene erheben können, in der die Erde um die Sonne läuft, und die man als *Ekliptik* bezeichnet. Diese Anordnung verrät ohne weiteres eine innere Zusammengehörigkeit, einen gemeinsamen Ursprung. Indes zeigen doch nur die großen Planeten solche geringen Abweichungen; die größte unter ihnen besitzt der kleinste und sonnennächste, Merkur, dessen Bahnebene gegen die der Erde um 7 Grad geneigt ist. Nach ihm zeigt die größte Abweichung der sonnenfernste, Neptun, mit 4 Grad. Für die andern Planeten findet man später entsprechende Zahlenangaben. Von den kleinen Planeten können einige sich um mehr als 30 Grad aus der Ebene der Ekliptik erheben, wie sich denn bei diesem eigentümlichen Schwarm von Weltkörperchen manche Besonderheiten zeigen, die uns noch beschäftigen werden. Um eine Anschauung für diese Neigungsverhältnisse zu gewinnen, mag man sich vorstellen, daß eine Schachtel von einem Meter Durchmesser, in der man ein Modell des Sonnensystems mit den großen Planeten allein verpacken wollte, eine Höhe von 12 Zentimetern haben müßte, aber nur von 6 Zentimetern, wenn man Merkur ausschließen würde. Wollte man dagegen auch die kleinen Planeten mitnehmen, so müßte die runde Schachtel beinahe halb so hoch sein, als ihr Durchmesser lang ist.

Außer diesen kleinen Planeten umkreisen die Sonne auch noch viele *Kometen,* von denen ich die Leser des Kosmos schon in einem besonderen Bändchen unterhalten habe. Darin sprach ich auch von der Lage ihrer

Bahnebenen, die bei den nichtperiodischen, d. h. den nicht nachweislich wiederholt unser Sonnensystem besuchenden, Kometen alle Winkel zur Ekliptikebene haben können. Es kommen also Kometen auch gelegentlich senkrecht auf die Ekliptik herab. Die periodischen Kometen, die zu unserm System in einem festen Verhältnis stehen, haben meistens geringere Neigungen; doch ist unter ihnen auch einer, der von Pons-Brooks, mit einer Periode von 71 bis 72 Jahren, der sich um 74 Grad über die Ekliptik erhebt.

Endlich gehören noch zum Sonnensystem die *Sternschnuppenringe*, denen wir zu bestimmten Jahreszeiten begegnen, und vorübergehend die Meteore, die wir gelegentlich in unsere Atmosphäre schlagen sehen. Auch mit ihnen hat sich das vorhin erwähnte Kosmosbändchen befaßt, ebenso behandelte ich in dem Bändchen »*Sonne und Sterne*« den Hauptkörper unseres Systems selbst und schließlich auch den Mond unserer Erde, so daß zur Vervollständigung des Bildes unseres Sonnenweltreiches nur noch die Planeten selbst mit ihren Monden fehlen, die wir uns hier näher anschauen wollen.

Beginnen wir beim sonnennächsten Planeten, *Merkur*, der, wie wir schon wissen, die Sonne nur etwa in vier Zehnteln unserer eigenen Sonnenentfernung, genauer 0,3871, umkreist. Wir verstehen es deshalb, daß er sich auch für unsern Standpunkt niemals weit von der Sonne entfernen kann. Steht er in seiner Bahn, von uns aus gesehen, am meisten rechts oder links, westlich oder östlich von der Sonne, so können wir zwischen den drei Gestirnen ein rechtwinkliges Dreieck konstruieren, in dem offenbar die eine Seite 0,4 lang ist, wenn die andere gleich 1 gesetzt wird. Daraus folgt dann, daß Merkur in dieser günstigen Stellung doch nur etwa 25 Grad von der Sonne entfernt steht. In Wirklichkeit schwankt dieser Winkel, die östliche oder westliche *Elongation* genannt, zwischen 18 und 27 Grad. Da infolge der täglichen Umdrehung der Erde alle Gestirne zwischen Aufgang und Untergang in einer Stunde 30° zurücklegen, so geht also Merkur im günstigsten Falle nicht viel mehr als eine halbe Stunde vor der Sonne auf oder nach ihr unter. Die günstigste Stellung der Gestirne zueinander findet aber nur alle 116 Tage einmal statt und hält dann kaum länger als je eine Woche an. Während dieser Zeit kann Merkur sogar auffallend hell am Abend- oder Morgenhimmel leuchten, aber doch nur immer ziemlich tief am Horizonte, und man begreift es deshalb wohl, daß ihn nicht viele Menschen mit bloßem Auge in dem Bewußtsein, daß es Merkur war, gesehen haben. Er erscheint dann als hellstrahlender, etwas gelblicher Stern, der ein unruhigeres Licht hat, als man es sonst bei den Planeten zu sehen gewohnt ist. Es zeugt von nicht geringer Beobachtungsgabe, daß die Alten schon seit undenklichen Zeiten dieses Gestirn kannten und seinen Lauf für ihre Verhältnisse gut bestimmten. Freilich liegen die Anfänge der astronomischen Beobachtungskunst in jenen südlichen Ländern, in denen nicht so oft wie in

Deutschland neidische Wolken gerade in den günstigen Perioden jeden Ausblick zu den Himmelswelten vereiteln.

Unsere modernen Beobachtungswerkzeuge erlauben es, Merkur auch am Tage aufzufinden und seine wechselnde Lage zur Sonne, beziehungsweise zu einem festen Punkte am Himmel zu bestimmen, wenn der Planet dem strahlenden Tagesgestirne nicht gar zu nahe gekommen ist. Man hat dabei gefunden, daß Merkur, wie alle Planeten, nicht in einem Kreise, sondern in einer Ellipse um die Sonne läuft. Beim Merkur ist diese Abweichung von der Kreisbahn am größten unter allen großen Planeten. Das Maß für diese Abweichung von der Kreisbahn ist die *Exzentrizität.* Sie wird durch den längsten und kürzesten Durchmesser der Ellipse, ihre *große und kleine Achse*, bestimmt. Nennt man diese beiden Längen a und b, so ist die Exzentrizität gleich a – b, dividiert durch a. Diese Größe ist bei Merkur gleich 0,206. Nach dem uns schon bekannten ersten Keplerschen Gesetze befindet sich die Sonne nicht im Mittelpunkte der Bahnellipse, sondern in einem ihrer beiden Brennpunkte. Wir wollen uns hier nicht damit aufhalten zu ermitteln, wie diese Punkte mathematisch zu finden sind, aber es interessiert uns der Umstand, daß die beiden Verbindungslinien, von irgendeinem Punkte der Ellipse zu den Brennpunkten hin zusammengenommen, immer eine für dieselbe Ellipse unveränderliche Größe haben, die gleich der Länge der großen Achse ist. Die Verbindungslinie, die nach dem Brennpunkte führt, worin sich die Sonne befindet, heißt der *Radiusvektor.* Die Richtung, nach der er am kürzesten, der Planet der Sonne also am nächsten ist, nennt man die Richtung des *Perihels* oder, ganz fachmännisch, wenngleich recht unpassend ausgedrückt, *die Länge des Perihels*, weil man es sich angewöhnt hat, die auf der Kreislinie der Ekliptik gezählten Bogenstrecken Längen zu nennen. Wir begreifen es leicht, daß diese Beziehungen der Planeten zur Sonne, die sich durch ihre *Bahnelemente* ausdrücken, von großer Bedeutung für die physischen Verhältnisse ihrer Oberflächen sein müssen, mit denen wir uns noch eingehend zu beschäftigen haben. Deshalb war es unumgänglich, diese kleine mathematische Exkursion vorher zu machen.

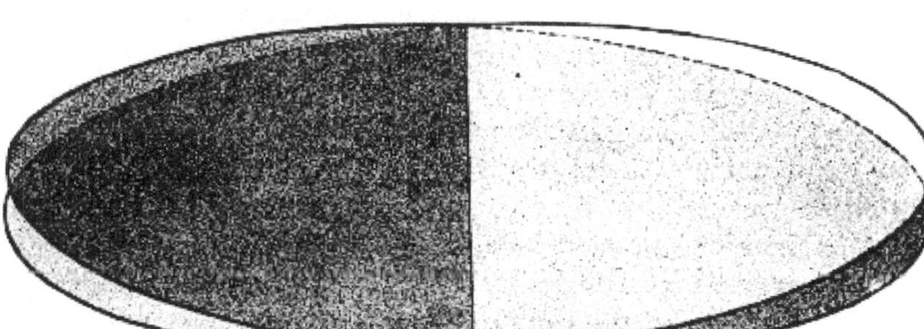

Abb. 5. Neigung und Knotenlinie zweier Planetenbahnen.

Zu den uns schon bekannten Bahnelementen, der großen Achse, der Exzentrizität und der Länge des Perihels, kommen nun noch die *Neigung der Bahn*, das ist der Winkel, den die Bahnebene mit der Ekliptik macht, ferner die Richtung, wo sich beide Bahnen kreuzen (Abb. 5), die sogenannten *Knotenlängen*, aufsteigende dort genannt, wo der Planet von Süden nach Norden die Ekliptik passiert, dann die Zeit, wann er einmal durch sein Perihel gegangen ist, *Perihelzeit*, und endlich seine *Umlaufszeit*. Eigentlich müßte noch die Richtung angegeben werden, in der sich die Körper in ihren Bahnen bewegen, diese ist aber für alle Planeten dieselbe, nur einige Monde, die um sie kreisen, bewegen sich in entgegengesetzter Richtung.

Abb. 6. Phasen und Größenverhältnisse des Merkur.

Alle diese Bahnelemente konnten für Merkur ebenso genau ermittelt werden, wie für die andern, für die direkte Beobachtung günstiger gestellten Planeten, da wir ihn zur Bestimmung seiner Lage am Himmel auch am Tage beobachten können. Wir bemerken dabei, daß er eine mit seiner Stellung zur Sonne wechselnde Gestalt besitzt. Er zeigt *Phasen* wie der Mond. Während dieser aber dabei immer dieselbe Größe beibehält, wenn wir von den Resultaten genauer Messung absehen, so wechselt der Durchmesser der Merkurphasen dagegen sehr beträchtlich. Unsere Kenntnis von der Bahnlage des Merkur erklärt uns dies sofort, nachdem wir an den Phasen selbst erkannten, daß Merkur ein an sich dunkler Körper, wie die Erde und der Mond, sein muß, der sein Licht von der Sonne erhält. Die nebenstehende Abb. 6 erleichtert die Anschauung der wechselnden Beleuchtungs- und Größenverhältnisse. Geht Merkur in seiner Bahn ungefähr zwischen uns und der Sonne vorüber, so steht er uns am nächsten, wendet uns aber seine unbeleuchtete Seite zu. Steht er noch etwas westlich, rechts von der Sonne, so hat seine Sichel die Gestalt des abnehmenden Mondes und ist zugleich am größten. Dann verschwindet der Planet für einige Zeit in den Strahlen der Sonne, aus denen er dann östlich, links, wieder als zunehmende Phase auftaucht. Diese wächst während des *synodischen Umlaufs*, wie man die Zeit nennt, die zwischen zwei gleichen Zusammenkünften, *Konjunktionen*, des Planeten mit der Sonne verläuft, noch immer weiter. Jenseits der Sonne, in der *unteren Konjunktion*, wie man diese im Gegensatze zu der eben betrachteten *oberen* nennt, würde uns dann der Planet als volle Scheibe erscheinen, wenn man ihn überhaupt noch sehen könnte. Nachdem er hinter der Sonne vorbeigegangen ist, nimmt er wieder ab, wird aber zugleich im Durchmesser größer, bis seine zuerst betrachtete Lage zu uns und der Sonne wieder eintritt. Dieses Spiel wiederholt sich durchschnittlich alle 116 Tage, ein Zeitraum, der also die synodische Umlaufszeit des Merkur darstellt. Da der mittlere Abstand des Merkur von der Sonne 0,4 ist, wenn wir den der Erde gleich 1 setzen, so kann der Planet uns bis auf 1 – 0,4 also 0,6 nahekommen und sich auf 1 + 0,4, also 1,4 entfernen; sein Durchmesser schwankt daher zwischen 0,6 und 1,4 einer bestimmten Mittelgröße. Die direkte Messung ergibt für diese Größen etwa 12 und 5 Bogensekunden, was dem obigen Verhältnis entspricht. Um eine Vorstellung zu gewinnen, was solche Größen bedeuten, füge ich hinzu, daß eine Scheibe von 1 cm Durchmesser in eine Entfernung von 206 m gestellt werden müßte, damit sie unter einem Winkel von 10" erscheint. In dieser Entfernung kann man die Scheibe natürlich langst nicht mehr als solche mit dem bloßen Auge unterscheiden. Ist sie sehr leuchtend, so erkennt man sie als strahlenden Punkt, eben wie den Merkur am Himmel. Wendet man aber ein Fernrohr mit 200facher Vergrößerung an, so rückt die Scheibe bis auf einen Meter zu uns heran, und jeder kann sich durch den Versuch davon überzeugen, daß man nun ihre Scheibenform deutlich wahrnimmt. Auch wenn wir die Scheibe nur 5 mm groß machen, wobei sie den Merkur in seiner größten Entfernung von uns vertritt, erkennt man noch die leuchtende Fläche.

In unserm Bändchen über den Mond haben wir uns schon etwas eingehender mit den Eigenschaften der Fernrohre beschäftigt und dabei gefunden, daß ein etwa 200fach vergrößerndes Fernrohr eine Länge oder Brennweite von nur 1 m zu haben braucht. Dies stellt ungefähr die unterste Grenze der optischen Kraft dar, welche man nötig hat, um mit einiger Deutlichkeit gewisse Einzelheiten auf den Planeten wahrzunehmen. Ein Fernrohr aber von 2½ m Brennweite und etwa 208 mm Objektivöffnung zeigt bei gutem Luftzustande einem geübten Auge schon fast alles, was auch die größten Instrumente im Reiche der Planeten zu sehen vermögen, denn die weitere Verstärkung der Sehmittel dient von dieser Grenze ab hauptsächlich nur der Erhöhung der Lichtstärke; an Licht aber fehlt es den Planeten nicht.

Es mag hier interessieren, in welchen Preislagen solche Instrumente heute zu erhalten sind, die uns in die Welt der Planeten mit Vorteil einführen können. Ich wähle den Katalog von *Zeiß* in *Jena*, einer Firma, die als die teuerste gilt, aber auch als die zuverlässigste für die Lieferung unzweifelhaft erstklassiger Erzeugnisse. Ein einfaches Fernrohr, das etwa der untersten Grenze der betreffenden Anforderungen entspricht, mit 103 cm Brennweite und 70 mm Öffnung, dessen Okulare aber nur bis zu 114facher Vergrößerung gehen, kostet M 445.–. Solch ein Fernrohr ist nur horizontal und vertikal beweglich. Man kann damit nur Sterne unmittelbar auffinden, die auch schon mit bloßem Auge deutlich zu sehen sind. Fernrohre mit Einstellkreisen und sogenannter parallaktischer Aufstellung sind gleich viel komplizierter und deshalb teurer, erlauben aber die Auffindung jedes Sternes, der ihrer optischen Kraft noch zugänglich ist, wenn man seinen Ort am Himmel nach den Angaben der betreffenden Verzeichnisse kennt. Ein Fernrohr von der gleichen Größe, wie das vorhin angegebene, kostet schon M 800.–. Ihm stelle ich ein parallaktisch montiertes und mit allem erwünschten Zubehör versehenes Fernrohr von 2,6 m Brennweite und 175 mm Öffnung gegenüber, das also bei 520facher Vergrößerung etwa die obere Grenze des für Freunde der Sternkunde noch Erwünschten darstellt und M 9950.– kostet. Dies, wie gesagt, nur zur ungefähren Orientierung.

Würde man aber auch mit dem vorzüglichsten Fernrohr den Merkur betrachten, wenn er sich so nahe dem Horizonte befindet, wie man ihn erst mit bloßem Auge sehen kann, so wird man recht enttäuscht sein. Statt einer leuchtenden Scheibe oder Sichel, die man erwartet hatte, sieht man meist nur eine Art von Flamme, die unruhig im Winde hin und her zu flackern scheint. Wenn die aus dem Weltraum in unsere Atmosphäre dringenden Lichtstrahlen sie so schräg durchschneiden müssen, wie es bei tiefem Stande des Gestirns geschieht, so haben sie sehr viel mehr Luft zu durcheilen als bei graderem Eindringen. Durch Brechung in dieser Luft wird der Lichtstrahl von seinem geraden Wege abgelenkt, und dies geschieht bei verschiedenen Temperaturen der Luft in verschiedenem Maße. Da die Luft nun beständig bewegt ist, so wird der Strahl durch die Luftströmungen in der Tat wie eine Flamme hin und her geworfen; es entstehen »wallende« Bilder, die jede Beobachtung von Einzelheiten vereiteln. Sehr selten, nur während weniger Stunden im Jahre, herrschen selbst bis in die oberen Luftregionen so ruhige und gleichmäßige Zustände, daß das Bild des Merkur im Fernrohr keine merklich wallenden Ränder mehr zeigt. Nur auf hohen, isolierten Bergen, wo der Lichtstrahl über den unruhigen Dunstschichten bleibt, die sich unmittelbar auf die ungleich erwärmte Erdoberfläche lagern, oder auf Inseln, wo über der Meeresfläche ausgeglichenere Temperaturen herrschen, wie z. B. auf Capri, sind brauchbare Bilder im Fernrohr häufiger anzutreffen.

Für den Besitzer eines Fernrohrs, das gestattet, Merkur auch schon am Tage aufzufinden, gestalten sich die Dinge dagegen wesentlich besser. Aber auch dann bleibt Merkur stets ein undankbares Objekt. Bei voller Tageshelle überdeckt der blaue Schleier der Luft das Bild und hindert jede Möglichkeit, etwa Einzelheiten auf dem Planeten zu entdecken. Es bleibt dann nichts anderes übrig als die Form der Sichel zu verfolgen und, wenn man über ein Mikrometer am Fernrohr verfügt, die von Tag zu Tag wechselnde Größe des

Durchmessers zu konstatieren. Sobald der *Tag* sich zur Dämmerung neigt, und das Licht des Planeten entsprechend zuzunehmen scheint, steigt er auch gleichzeitig mehr und mehr zum Horizont hinab. Weder Messungen noch Beobachtungen irgendwelcher Art sind noch möglich.

Die unter günstigsten Bedingungen ausgeführten Messungen haben ergeben, daß der Durchmesser des Merkur in seiner mittleren Entfernung von der Sonne gleich 6,59" ist, woraus man dann findet, daß seine Kugel 4780 km hält, gegen 12 700 bei der Erde. Merkur ist also im Durchmesser etwa dreimal kleiner als unsere Erdenwelt, seine Oberfläche enthält 71 800 000 qkm, sie ist also siebenmal so klein wie die der Erde und kommt etwa dem Flächeninhalt von Asien und Afrika zusammengenommen gleich. Aus dem körperlichen Inhalt seiner Kugel und der seiner Masse proportional steigenden Anziehungskraft, die wir ihn nach außen hin ausüben sehen, können wir ermitteln, daß die Materie, aus der er aufgebaut ist, nur wenig (1,05) dichter ist als die der Erde. Man hat nicht finden können, daß diese Weltkugel nach einer Seite hin abgeplattet ist, daß also ihr Durchmesser nach einer bestimmten Richtung kleiner sei als in den andern, wie es bekanntlich bei der Erde der Fall ist. Aber wir müssen hinzufügen, daß unsere Messungsmittel nicht ausreichen würden, eine Abplattung, wie die der Erde, am Merkur noch zu entdecken, wenn er sie wirklich besitzen sollte.

Diese verhältnismäßig kleine Weltkugel bewegt sich in 87,96926 Tagen um die Sonne, und aus dem Umfang der dabei beschriebenen Bahn können wir berechnen, daß der Planet in dieser seiner »Jahresbewegung« 47 km in jeder Sekunde zurücklegt.

Die bisher gegebenen Daten über die sonnennahe Welt des Merkur waren mit ziemlich großer Genauigkeit zu ermitteln. Dem Wunsche aber, noch tiefer in ihr Wesen einzudringen, stellen sich jene obenerwähnten Beobachtungsschwierigkeiten entgegen. Wir hätten gern erfahren, ob sich auf Merkur auch Festländer und Meere, Berge und Tiefländer befinden, ob eine Atmosphäre wie bei uns Wolken und Winde hervorbringt, und ob auch dort ein Wechsel von Tag und Nacht, von Sommer und Winter herrscht. Alle diese Fragen würden sich durch die Beobachtung von Flecken beantworten lassen, die man etwa auf seiner Scheibe oder Sichel erkennen und in ihren Bewegungen verfolgen würde. Aber gerade wenn der Planet uns am nächsten steht, und man solche Einzelheiten also am besten sehen würde, wendet er uns seine unbeleuchtete Seite bis auf jene schmale Sichel zu, auf der es selbst bei den besten atmosphärischen Verhältnissen schwer ist, irgend etwas zu entdecken. Dennoch glauben einige wenige, besonders begünstigte Beobachter Streifen und Flecken bemerkt zu haben, deren Aussehen immer gleich bleibt, die also einer festen Oberfläche angehören würden. Insbesondere hat *Schiaparelli*, jener namentlich durch seine Marsforschungen berühmte Mailänder Astronom, als Frucht langjährigen Studiums unter dem reinen italienischen Himmel die untenstehende »*Karte des Merkur*« (Abb. 7) entworfen. An die Verfolgung dieser Flecke hat sich eine eigentümliche Kontroverse geknüpft, die auch heute noch nicht entschieden ist.

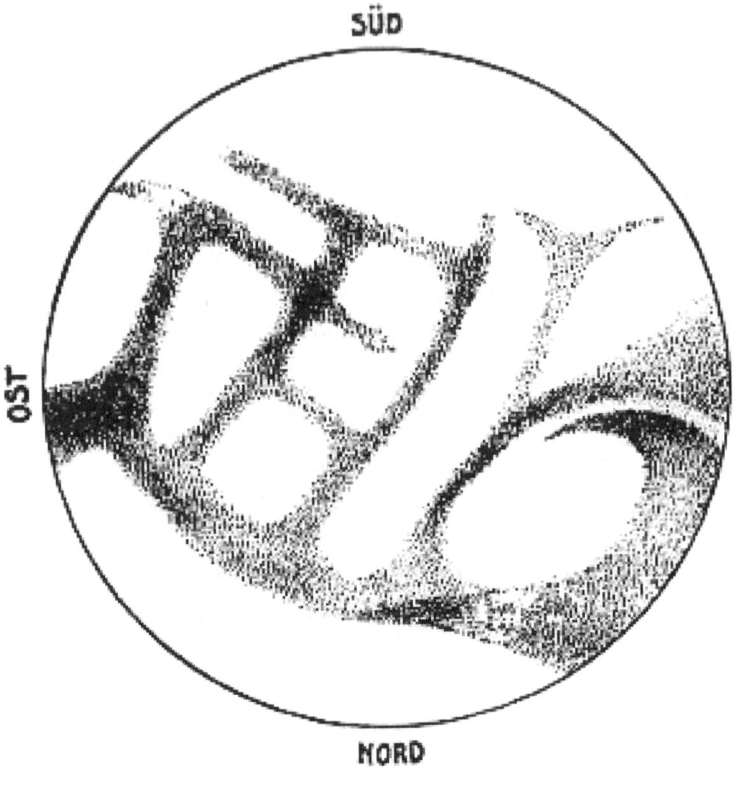

Abb. 7. Merkur,
gezeichnet von Schiaparelli in Mailand.

Wenn Merkur sich um eine Achse dreht wie die Erde und dadurch auf seiner Oberfläche einen Wandel von Tag und Nacht hervorbringt, so müssen sich diese Flecke langsam über die Scheibe des Planeten hinbewegen, wie wir es bei Mars und Jupiter deutlich sehen. Findet die Umdrehung, *Rotation*, in etwa derselben Zeit statt, wie die der Erde, also in 24 Stunden, so mußte die betreffende Oberflächenzeichnung, die etwa auf der schmalen Sichel noch zu erkennen war, während einer Reihe von aufeinanderfolgenden Beobachtungstagen immer dieselbe sein, weil die Zeiten, in denen man Merkur überhaupt nur beobachten konnte, eben auch immer nahezu 24 Stunden oder ein Mehrfaches davon zwischen sich hatten. Dies glaubte man nun in der Tat, auch schon lange vor Schiaparelli, beobachtet zu haben, und man schloß also, daß die Tageslänge auf dem Merkur ungefähr der unsrigen gleich sei. Aber man hatte damit voreilig geschlossen. Denn auch wenn sich Merkur inzwischen *gar nicht* weiter um sich selbst gedreht hatte, mußte dieselbe Erscheinung eintreten. Daß dies aber wirklich stattfindet, glaubt nun Schiaparelli sicher erkannt zu haben, indem er den Planeten auch während mehrerer Tagesstunden verfolgen konnte, wobei die Flecke immer an derselben Stelle blieben. Danach würde also Merkur der Sonne stets dieselbe Seite zukehren, wie es zwischen Erde und Mond stattfindet. An sich wäre dies wohl möglich, denn diese Übereinstimmung zwischen Umlaufs- und Umschwungsbewegung ist eine Folge der besonderen Anziehung, welche wir als Ebbe und Flut bei uns wahrnehmen, und die zwischen Sonne und Merkur einstmals ebenso gewirkt haben muß, wie zwischen Erde und Mond.

In neuerer Zeit sind nun aber Zweifel darüber entstanden, ob die an sich wohl zu erkennenden Flecke, die zu diesen Schlüssen führten, nicht überhaupt auf optischen Täuschungen beruhen, woraus wir noch bei Venus zurückkommen. Die Frage der Tageslänge auf Merkur muß also einstweilen noch als unentschieden gelten, wie so vieles andere noch bei diesem Planeten, der die schwierigsten Beobachtungsverhältnisse von allen übrigen aufweist.

Schiaparelli glaubte auch gelegentlich helle Flecke auf Merkur zu sehen, die als Wolken aufgefaßt werden könnten. Dann besäße er also auch eine Atmosphäre. Hierüber kann nur unter Umständen noch ein anderes Instrument Aufschluß geben, das uns über die chemische Beschaffenheit der Materie, die der zu untersuchende Lichtstrahl durchdringt, Mitteilung macht, das *Spektroskop*. Im Spektrum der Sonne treten gewisse *»atmosphärische Banden«* auf; je tiefer sie steht, desto mehr Luft haben ihre Strahlen also zu durchdringen. Sie müssen also dem Einfluß unserer irdischen Luft zugeschrieben werden. Diese Banden treten deshalb bei allen Himmelskörpern in entsprechender Weise auf, sie gehören ihnen nicht an. Würden nun im Spektrum des Merkur noch andere Banden erkannt, wie diese, so folgte daraus, daß das zurückgeworfene Sonnenlicht vorher noch andere Gasschichten durchdrungen haben müßte, die dann einer Merkuratmosphäre angehörten. Solche andern Banden sind aber im Merkurspektrum nicht nachzuweisen, höchstens glaubte *Vogel* Andeutungen gefunden zu haben, daß jene atmosphärischen Banden sich verbreiterten, wenn vom hellen Himmelsgrunde, der jene atmosphärischen Banden zeigt, das Spektroskop auf Merkur gerichtet wurde. Daraus würde folgen, daß der Planet eine der irdischen gleiche Lufthülle besäße; aber, wie gesagt, auch hier bleiben die Beobachtungen höchst unsicher.

Einen, wenn auch nur ganz allgemeinen Aufschluß über die Oberflächenbeschaffenheit eines lichtreflektierenden Körpers kann die Bestimmung der zurückgeworfenen Lichtmenge im Vergleich zu der ursprünglich ihr zugestrahlten geben. Es ist klar, daß ein spiegelndes Metall mehr Licht zurückwirft als rauhes Gestein, und daß dieses wieder, je nach seiner Färbung, heller oder dunkler erscheint. Ein absolut schwarzer, rauher Körper verschluckt alles Licht. Würde ein Planet etwa aus Kohle bestehen, so könnten wir ihn überhaupt nicht sehen. Man hat zum Messen der Lichtmengen, die uns ein leuchtender Körper zusendet, besondere Instrumente, *Photometer*, erfunden, und die sich ihrer bedienende Wissenschaft der *Photometrie* hat sehr wertvolle Beiträge zur Kenntnis der Himmelskörper geliefert. Für Merkur sagte sie uns aus, daß seine Oberfläche nur 0,14 der ihm zugestrahlten Lichtmenge zurückgibt, und daß dieses Verhältnis, die *Albedo* genannt, dem beim Monde gefundenen nahekommt. Danach hätten wir anzunehmen, daß die Oberfläche des Merkur ebenso rauh sei wie die des Mondes, und daß keine merkliche Atmosphäre diese Beleuchtungsverhältnisse modifiziert. Wäre Merkur von einer mit Wolken teilweise bedeckten Atmosphäre umgeben, so müßte er viel mehr Licht zurückwerfen, und namentlich müßten auch die Helligkeiten in den verschiedenen Phasen in anderer Weise wechseln, als es geschieht.

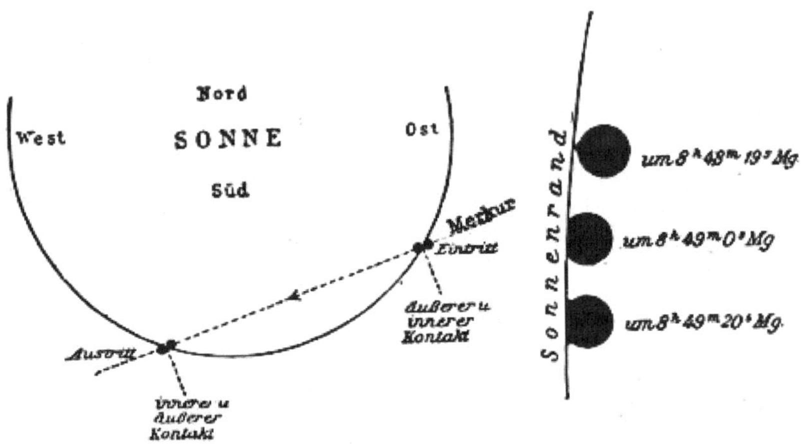

Abb. 8. Merkurdurchgang vom 7. Mai 1878. Tropfenbildung, beobachtet von Tebbutt in Neusüdwales.

Wir haben schon erfahren, daß die Bahn des Merkur nicht in derselben Ebene mit der Erdbahn liegt, deshalb wird er für gewöhnlich in seiner unteren Konjunktion etwas über oder unter der Sonne vorübergehen. Nur wenn diese Konjunktion gerade zu einer Zeit stattfindet, in der der Planet auch zugleich die Erdbahn kreuzt, geht er für uns vor der scheinbaren Sonnenscheibe vorbei, es findet ein *Merkurdurchgang* statt. Die betreffenden Bahnverhältnisse bedingen es, daß ein solches Ereignis nur immer im Mai oder November eintreffen kann, und zwar so, daß innerhalb 46 Jahren sechs solcher Durchgänge stattfinden. Den letzten haben wir am 14. November 1907 beobachtet, der nächste wird sich am 7. November 1914 ereignen. Während eines Durchganges sieht man eine kleine schwarze Scheibe vor der

Sonne langsam hinziehen. Merkur kann dabei mehr als sechs Stunden vor der Sonne verweilen. Es dauert 4–5 Minuten, bis sich die kleine, schwarze Scheibe von der ersten Berührung ab ganz in die strahlende Scheibe hineingeschoben hat. Dabei zeigt sich ein merkwürdiges Phänomen, das die Feststellung des rechten Augenblicks des wahren Kontaktes der beiden Scheiben sehr erschwert. Merkur – ebenso Venus bei gleicher Gelegenheit – scheint einen Teil der Sonnenscheibe an sich zu ziehen, wie es unsere Abb. 8 darstellt. Dieser »schwarze Tropfen« bleibt noch lange bestehen, wenn scheinbar die schwarze Scheibe, an der er hängt, schon ziemlich weit in die Sonne eingedrungen ist, bis der Tropfen plötzlich losreißt. Welches war nun der wirkliche geometrische Kontakt? Künstliche Nachahmungen der Erscheinung haben das erste Erscheinen beim Eintritt und das Losreißen des Tropfens beim Austritt als die rechten Augenblicke erkannt. Die Erscheinung ist rein physiologischer Natur und rührt von der Überstrahlung des Sonnenlichtes in unserem Auge her, das die Merkurscheibe kleiner erscheinen läßt, als sie wirklich ist.

Während solcher Durchgänge befindet sich Merkur uns so nahe wie möglich. Wenn irgend etwas Auffälliges etwa auf seiner uns dann zugekehrten Nachtseite oder in seiner Umgebung zu bemerken wäre, so bieten diese Durchgänge die günstigste Gelegenheit, es zu entdecken. Man glaubte auch beim letzten Durchgang, 1907, Andeutungen eines helleren Fleckens und vielleicht auch eines sehr zarten Schleierringes bemerkt zu haben, aber man mußte diese Wahrnehmungen doch immer wieder in das Gebiet optischer Täuschungen und Kontrastwirkungen verweisen, die an diesen letzten Grenzen unseres Sehvermögens, an die wir uns bei der Erforschung der Geheimnisse der Planetenwelten so oft begeben müssen, leider eine so große Rolle spielen.

Nehmen wir alles zusammen, so müssen wir gestehen, daß wir über die physischen Zustände der Oberfläche des Merkur noch fast gar nichts wissen. Wir dürfen nur sagen, daß er keine erhebliche Atmosphäre und auch sonst eine gewisse Ähnlichkeit mit unserm Monde zu haben scheint. Wir dürfen mit einiger Wahrscheinlichkeit den Merkur als einen Mond der Sonne charakterisieren.

Ehe wir den Merkur verlassen und zu seinem nächsten jenseitigen Nachbarplaneten, der Venus, übergehen, müssen wir uns noch einmal der Sonne weiter nähern, um zu erforschen, ob nicht hier noch etwas existiert, das sich in den allzu mächtigen Strahlen des Tagesgestirns unserer direkten Beobachtung entzieht. Ein *intramerkurieller Planet*? Wäre er noch kleiner und der Sonne noch wesentlich näher als Merkur, so könnte ihn uns in der Tat nur ein besonders günstiger Zufall verraten.

Ein sehr genau zu beobachtender Umstand machte es mit fortschreitender Untersuchung immer unzweifelhafter, daß zwischen Sonne und Merkur sich eine merkliche Masse befinden müsse, die die Bewegung dieses Planeten um die Sonne deutlich beeinflußte. Wie die Planeten durch die Anziehungskraft der Sonne ihren Umlauf um das allgemeine Zentrum des Systems vollenden, so wirken auch alle Planeten gegenseitig anziehend aufeinander, da ja nach dem Newtonschen Gesetze jede Masse jede andere anzieht. Dadurch entstehen gewisse »Störungen«, sehr mit Unrecht so genannt, weil diese besonderen Bewegungen nicht weniger gesetzmäßig stattfinden müssen wie die großen Umläufe. Diese Störungen drücken sich hauptsächlich in einer fortschreitenden Veränderung der Richtung aus, in der die Planeten ihre größte Sonnennähe erreichen, in der sogenannten *säkularen Bewegung der Länge des Perihels.* Diese Bewegung beträgt für Merkur im Jahre etwa 56 Bogensekunden oder, nach den bewundernswürdig genauen Untersuchungen des kürzlich verstorbenen Amerikaners *Newcomb*, der alle Bewegungsverhältnisse des Planetensystems neuerdings aus allen vorhandenen Beobachtungen neu bestimmt hat, genau 55,987". Dieser Wert ist sicher nicht um eine Zehntelsekunde falsch, so erstaunlich genau sind heute unsere Untersuchungsmethoden. Eine Berechnung aber, welche die Größe dieser säkularen Bewegung nach Maßgabe des Newtonschen Gesetzes und der uns bekannten Massen der Planeten theoretisch bestimmte, ergab einen um etwa 0,4 Sekunden verschiedenen Wert, als er nach den Beobachtungen der Wirklichkeit entsprach. Es mußte also noch eine andere uns noch unbekannte Masse auf Merkur wirken, die sein Perihel im Jahrhundert um etwa 40" verschob. Ähnliche, wenn auch geringere Abweichungen zeigten sich auch zwischen Theorie und Beobachtung bei Venus, Erde und Mars. Ein oder mehrere kleine Planeten, die die Sonne in noch größerer Nähe wie Merkur umkreisten, hätten die Abweichung möglicherweise erklären können.

Leverrier, der theoretische Entdecker des Neptun, hatte bereits in den fünfziger Jahren des vorigen Jahrhunderts diese Frage aufgeworfen und sogar die Bahn eines solchen Planeten aus jenen »Störungen« berechnet, den er *Vulkan* taufte. Ihn, wenn er überhaupt existierte, jemals zu sehen, war nur in zwei Fällen möglich, entweder, wenn er etwa einmal, wie Merkur und Venus, vor der Sonne vorbeiging, so daß er auf ihr als kleiner schwarzer Fleck bemerkt würde, der sich weit schneller als ein gewöhnlicher Sonnenfleck über die leuchtende Scheibe bewegte, oder wenn bei einer totalen Sonnenfinsternis die Umgebung der Sonne genügend verdunkelt war, um ein entsprechend kleines Sternchen noch am Himmel erkennen zu lassen. In beiden Richtungen ist ein halbes Jahrhundert hindurch nach jenem problematischen Planeten geforscht worden. Man wollte auch wirklich solche Vorübergänge wahrgenommen haben, aber die wenigen Beobachtungen konnten nicht genügend verbürgt werden. In den letzten

Jahrzehnten ist nichts dergleichen gesehen worden, obgleich die Sonne fortwährend auf das eifrigste, auch besonders auf photographischem Wege, durchforscht wird. Ebenso hat man bei totalen Sonnenfinsternissen die Suche nach intramerkuriellen Planeten stets als einen besonderen Programmpunkt mit dafür eigens konstruierten photographischen Apparaten betrieben, aber alles vergebens. Die Abweichung der Merkurbewegung von der Newtonschen Theorie schien unaufgeklärt bleiben zu sollen.

Abb. 9. Tierkreislicht.

Da fügte es sich erst vor wenigen Jahren, daß die Lösung dieses Rätsels noch ein anderes zugleich lösen sollte, das des *Tierkreis- oder Zodiakallichtes* (Abb. 9). Dieser geheimnisvolle Schein ist in Deutschland nur selten deutlich zu unterscheiden, während er in den Tropen allnächtlich oft deutlicher als die Milchstraße seine dort fast senkrecht aufsteigende Pyramide leuchten läßt. Die Achse dieser Pyramide liegt stets in der Ekliptik, also im Tierkreise, daher sein Name. Da dieser Kreis um die Zeit der Frühlingsnachtgleiche abends in mittleren Breiten am meisten zum Horizont aufgerichtet ist, so erhebt sich bei uns um diese Zeit die mattleuchtende Pyramide am meisten über den Dunst des Horizontes. Im Herbst ist morgens das gleiche der Fall, wo dann der Schein am Morgenhimmel der Sonne vorausgeht. Unter den Tropen, wo die Sonne und alle Gestirne nahezu senkrecht aufsteigen, sind die Bedingungen der Sichtbarkeit jenes Lichtes beständig vorhanden, und ganz besonders schön entfaltet es sich dort über dem reinen Horizonte des nächtlichen Meeres. Dort nimmt man dann auch häufiger den sogenannten *Gegenschein* wahr, der als eine matte, verschwommen scheibenförmige

Erhellung des Himmels an dem Orte auftritt, der dem der Sonne unter dem Horizonte genau gegenüberliegt. Liebhaber der Sternkunde können sich an der Erforschung dieses merkwürdigen Phänomens dadurch wertvoll beteiligen, daß sie die Lage der Spitze der Lichtpyramide unter den Sternen notieren und die Breite ihres unteren Teiles, soweit man ihn gegen den Horizont hin noch verfolgen kann. Auch die Stärke seines Lichtes, verglichen mit dem der Milchstraße, gibt wertvolle Anhaltspunkte, da man vermutet, daß das Licht in gewissen Jahren stärker und zu andern Zeiten wieder schwächer auftritt. Gelingt es den Gegenschein zu bemerken, so muß seine Lage natürlich auch festgelegt werden. Sehr wertvolle Beobachtungen hat vor kurzem Newcomb auf einer schweizerischen Erholungsreise gemacht, indem er auf dem Brienzer Rothorn im Hochsommer um Mitternacht den nördlichen Himmel ganz deutlich vom Zodiakallicht aufgehellt sah. Um diese Zeit zieht die Ekliptik, in der sich der Schein mit der Sonne als Mittelpunkt hinerstreckt, unter dem Horizonte mit ihm nahezu parallel hin. Hat der Schein eine gewisse Breite, so muß er sich noch über den Horizont erheben, und man kann also dadurch seine größte Breite bestimmen. Dies ist natürlich nur in geographischen Breiten möglich, wo um diese Sommerszeit keine »hellen Nächte« mehr eintreten, die Sonne also um Mitternacht mehr als 18 Grad unter dem Horizonte bleibt. Newcombs Beobachtungen im Juli 1905 ergaben die Breite des Tierkreislichtkörpers zu beiden Seiten der Sonne zu mindestens 35 Grad.

Namentlich photometrische Untersuchungen von *Seeliger* ergaben, daß der Körper des Tierkreislichts aus einer Unmenge kleiner, meteorartiger Partikelchen bestehen müsse, die die Sonne linsenförmig umgeben und sich bis noch etwas jenseits der Erdbahn erstrecken. Diese Partikelchen der Staubwolke, die wohl noch ein Rest der Urmaterie sind, aus der sich das ganze System verdichtet hat, reflektieren das Sonnenlicht und bringen dadurch den Pyramidenschein wie auch den Gegenschein hervor. Dieser rührt von den jenseits der Erdbahn noch vorhandenen Teilchen her, die eine Rechnung *Moultons* in eine Entfernung von 1 490 000 km setzt, etwa das Vierfache der Mondentfernung. Unser Trabant bewegt sich also noch innerhalb dieser Staubwolke, von der vielleicht, als diese noch wesentlich dichter war, die Projektile ausgingen, durch die, nach einer gewissen Ansicht, die Mondkrater in die damals noch dünnere Mondkruste geschlagen wurden.

In dieser linsenförmigen Umhüllung der Sonne befindet sich eine gewisse Masse vereint, die, so fragte sich Seeliger, vielleicht durch ihre Anziehung imstande war, das Rätsel der Abweichung der Perihelbewegung des Merkur zu lösen, und siehe da, die Rechnung ergab unter der Voraussetzung, daß die über diesen ungeheuern Raum verstreute Masse nur den zehnten Teil derjenigen der Erde ausmachte, wodurch dann jedes Kubikkilometer dieser Linse nur so viel wiegen würde wie ein Würfel aus Wasser von einem drittel

Meter Seitenlänge, daß nicht nur die Bewegung des Merkur, sondern auch die der Venus, der Erde und des Mars, die ja auch noch kleine Abweichungen zeigten, genau dem Newtonschen Gesetze folgen. Diese überraschende Mitteilung, die als ein neuer Triumph des Newtonschen Gesetzes angesehen werden muß, machte der obengenannte Gelehrte zuerst 1906 der in Jena damals versammelten internationalen astronomischen Gesellschaft. Es sind dadurch zwei empfindliche Lücken in unserer Kenntnis des Planetensystems gleichzeitig ausgefüllt.

Nun erst können wir den ersten Schritt jenseits der Merkurbahn tun und gelangen zum schönen *Abendstern*, der *Venus*. Er heißt Abend- oder Morgenstern, weil man ihn nur zu diesen Zeiten am Himmel glänzen sieht, niemals zur eigentlichen Nacht. Der Planet kann sich zwar mehr als Merkur von der Sonne entfernen, doch niemals weiter als etwa 47 Grad. Die Bahn der Venus liegt eben innerhalb der Erde, sie kann also niemals eine Stellung einnehmen, in der die Erde zwischen Venus und Sonne kommt, also an unserm mitternächtlichen Himmel stehen würde. Wohl aber tritt Venus zwischen Erde und Sonne, zuweilen auch derartig genau, daß ein »Venusdurchgang« stattfindet.

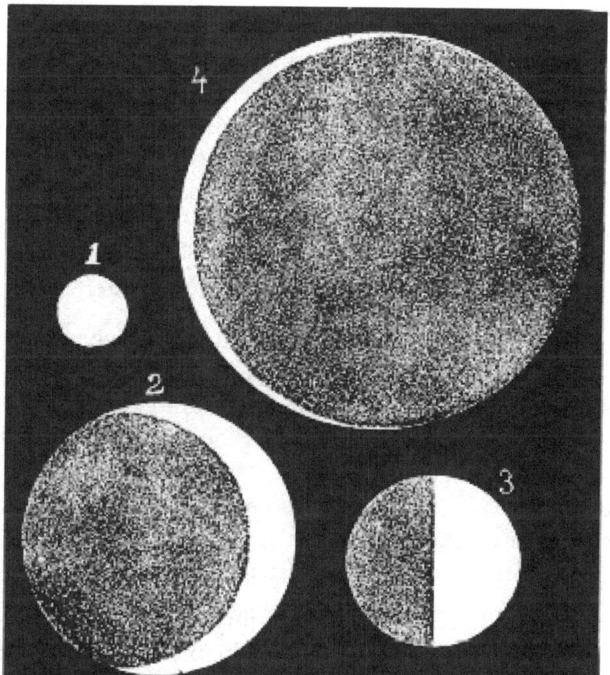

Abb. 10. Phasen und Größenverhältnisse der Venus.

Venus zeigt denselben Phasenwechsel wie Merkur. Da ihre Entfernung von uns aber zwischen 1 – 0,72 = 0,28 und 1 + 0,72 = 1,72 schwanken kann (genaue Entfernung 0,7233), so ändert sich die Größe ihrer Sichelgestalt auch entsprechend mehr. Oben (Abb. 10) haben wir ihre relative Größe in *ihren extremen Lagen abgebildet.* Die zweite Figur stellt ihre Phasenform dar, wenn sie für uns in ihrem größten Glanze strahlt. Dies findet etwa 5 bis 6 Wochen vor und nach der unteren Konjunktion statt, wenn einerseits die Phase schon oder noch groß genug ist, die Entfernung des Planeten von uns dagegen ein gewisses Maß nicht überschreitet, um dem Durchmesser von Horn zu Horn eine bestimmte Größe zu erhalten, kurz, wenn die leuchtende Fläche der Venussichel ein Maximum ist. Um diese Zeit ist Venus bei weitem der hellste Stern am Himmel. Sie übertrifft noch wesentlich die des Sirius, der der hellste unter den Fixsternen ist. Sie wirft trotz der allgemeinen Dämmerung, in der sie stets nur sichtbar ist, einen deutlichen Schatten, und man kann sie, wenn man ihren Ort ungefähr vorher kennt, in dieser Zeit ihrer größten Helligkeit selbst am hellen Tage mit dem bloßen Auge erkennen. Einzelne, mit besonders gutem Auge begabte Personen haben Venus unter sehr günstigem Himmel bis zu einer Entfernung von nur 5° von der Sonne verfolgen können.

Die Bahn der Venus ist von allen übrigen Planetenbahnen dem Kreise am ähnlichsten, fachmännisch ausgedrückt, am wenigsten exzentrisch; 0,00682 ist der vorhin definierte Wert für ihre Exzentrizität. Ihre Bahn ist um 3° 23,6' gegen die der Erde geneigt. Sie vollendet ihren Umlauf um die Sonne in 224,701 Tagen, woraus sich in Verbindung mit der Erdbewegung ihre synodische Umlaufszeit, d. h. der Zwischenraum zwischen zwei Konjunktionen, zu 583½ Tagen ergibt. Ist also Venus zu einer gewissen Zeit als Abendstern in ihrem größten Glanze gewesen, so ereignet sich dies erst nach einem Jahr und etwa sieben Monaten das nächstemal wieder.

Die neuesten mikrometrischen Vermessungen ergaben den Durchmesser der Venus in der Entfernung 1 gleich 17,14", woraus der *wahre Durchmesser* zu 12 400 km folgt. Da diese Bestimmung immerhin auf etwa 400 km auf oder ab unsicher bleibt, so ergibt sich der uns gegen die Sonne hin nächste Planet fast als ebenso groß wie die Erde. Ihre Masse aber erweist sich deutlich als etwas geringer, gleich 0,81, so daß also auch der Stoff, aus dem diese Welt geformt ist, um etwa ebensoviel weniger dicht sein muß als die Erdmasse. Die Materie ist dort etwas lockerer verteilt.

Die rückstrahlende Kraft der Venus, ihre *Albedo*, ist sehr groß gegenüber der des Merkur; sie ist gleich 0,76, das heißt, nur der vierte Teil des ihr zugestrahlten Sonnenlichtes wird von ihrer Oberfläche verschluckt. Dies läßt vermuten, daß der Planet mit einer dichten Wolkendecke umhüllt ist, die nur wenig Sonnenlicht auf ihre eigentliche Oberfläche gelangen läßt, sondern es großenteils wieder in den Weltraum zurückwirft.

Schon dieser Umstand läßt uns wenig Hoffnung, von ihrer eigentlichen Oberfläche viel zu sehen, da außerdem für Venus dieselben ungünstigen Lageverhältnisse uns und der Sonne gegenüber vorliegen, wie für Merkur. Wenn Venus uns ihre volle Scheibe zuwendet, ist sie ja noch weiter von uns entfernt wie jener. So müssen wir gestehen, daß wir von der Welt dieses populärsten aller Sterne doch fast gar nichts Sicheres wissen.

Abb. 11. Die Venus, von Tachini gezeichnet.

Es ist jedoch nicht zu bezweifeln, daß Venus eine ziemlich hohe, der unsrigen wahrscheinlich recht ähnliche Atmosphäre besitzt. Man kann dies zunächst daran erkennen, daß in ihren schmalen Phasen die Hörner weit über die Hälfte der Scheibe übergreifen, wie es auch unsere Abbildung Seite 31 zeigt. Dies kann nur daher rühren, daß, wie bei der Erde, die Dämmerung beträchtlich über den direkt beleuchteten Teil der Oberfläche in das Nachtgebiet hinübergreift. Derselben Ursache ist die Wahrnehmung zuzuschreiben, daß man bei einem Vorübergange der Venus vor der Sonne die ganze Planetenscheibe längst sich vom hellen Himmel abheben sieht, ehe sie völlig vor die Sonne getreten ist. Man hat aus betreffenden Beobachtungen die Höhe der *Venusatmosphäre* auf etwa 88 km geschätzt, was ungefähr der der Erde gleichkommt. Auch die spektroskopischen Beobachtungen lassen eine der unsrigen ähnliche Lufthülle dort vermuten.

Wie beim Merkur haben schon früh Beobachter Flecke auf dem Planeten wahrgenommen, doch immer nur mit äußerster Anstrengung und unter ungewöhnlich günstigen Verhältnissen. Wir bringen hier eine Abbildung (Abb. 11), die in jüngerer Zeit *Tachini* in Rom von einer Phase der Venus angefertigt hat. Wie bei allen derartigen Darstellungen, sind die Einzelheiten wesentlich deutlicher wiedergegeben, als sie im Fernrohr erscheinen, weil man sonst überhaupt nichts mehr auf der Reproduktion sehen würde. Ganz ebenso wie beim Merkur hatte Schiaparelli durch eine kritische Vergleichung aller vertrauenswürdigen Zeichnungen der Venus nachweisen können, daß diese Flecke während einer Beobachtungsperiode ihre Lage nicht veränderten. Also auch Venus sollte der Sonne immer dieselbe Seite zukehren, ihr Tag also gleich ihrem Jahre 224 unserer Tage lang sein. Auch hierüber hat sich unter den Beobachtern ein lebhafter Meinungsaustausch entwickelt. Dabei zeigte dann *Villiger*, daß eine völlig weiße Kugel, in die gleichen Beobachtungsverhältnisse gebracht wie Venus, auch ähnliche Flecke im Fernrohr aufwies. Die Frage der *Rotationszeit der Venus*, das heißt ihres etwaigen Umlaufs um eine Achse, wodurch auf ihrer Oberfläche ein Wechsel von Tag und Nacht entstehen würde, wie bei uns, wurde dadurch aufs neue zur Diskussion gestellt und ist bis heute unentschieden geblieben.

Venus stellte die Beobachter aber noch vor andere Rätsel. Zu gewissen Zeiten erkannte man bei schmaler Sichelgestalt auch den unbeleuchteten Teil, also die *Nachtseite der Venus*, in einem matt blaugrünen Lichte, wie phosphoreszierend. Die Erscheinung hat dann eine frappante Ähnlichkeit mit dem Lichtschimmer, den man auch oft an unserm Monde wahrnimmt, wenn sein direkt beleuchteter Teil noch als schmale Sichel auftritt. Wir wissen, daß diese Beleuchtung von der Erde herrührt, die um die Neumondszeit auf seine Oberfläche als »Vollerde« herabscheint. Für die Venus gilt aber eine ähnliche Erklärung nicht. Unsere Erde erscheint zwar für sie um diese Zeit als besonders hellstrahlender Stern am Nachthimmel, aber es läßt sich leicht berechnen, daß ihr Licht bei weitem nicht ausreicht, einen so hellen Widerschein zu erklären. Sie hat auch keinen Mond, der sie derart beleuchten könnte. Man hat vermutet, daß der Schein von Polarlichtern herrührt, die dort zu bestimmten Zeiten besonders stark ausgebildet wären. Da die Ursache dieser »elektrisch-magnetischen Gewitter«, als welche man die Polarlichter charakterisiert, zweifellos in Einwirkungen der Sonne zu suchen ist, so könnten, ja müssen diese auf der ihr näheren Venus in der Tat kräftiger auftreten als bei uns. Nun zeigt es sich, daß bei uns die Polarlichter in den Zeiten am häufigsten und intensivsten austreten, in denen auf der Sonne die meisten Flecken vorhanden sind, was durchschnittlich alle 11 Jahre stattfindet. (Vergleiche hierüber auch das Kosmosbändchen »*Sonne und Sterne*«.) Ist das phosphoreszierende Licht der Venus derselben Ursache zuzuschreiben, so muß es um dieselbe Zeit wie bei uns aufleuchten, und dies scheint sich wirklich zu bestätigen. Aber auch hierüber sind die Akten nicht geschlossen. Jedenfalls aber erscheint das geheimnisvolle Licht oft außerordentlich deutlich, während zu andern Zeiten keine Spur von ihm zu bemerken ist. Es ist z. B. charakteristisch, daß *Winnecke*, einer der besten Beobachter seiner Zeit, lange vergeblich danach suchte, während er es dann sehr deutlich im September 1871 sah, zu einer Zeit, als auch auf der Erde besonders starke Nordlichter auftraten. Ich selbst habe es hier auf Capri mit meinem Zeißschen Vierzöller im Frühjahr 1908 wiederholt unzweifelhaft gesehen, als gleichfalls die Tätigkeit der Sonne noch bedeutend war. Da dieser Schein in solchen Zeiten auch in kleineren

Instrumenten wahrzunehmen ist, so mögen Freunde der Sternkunde ihm bei betreffender Gelegenheit ihre Aufmerksamkeit schenken.

Auch in bezug auf die problematischen Flecke können unter Umständen wertvolle Beobachtungen mit geringeren optischen Mitteln gelingen. So glaubt namentlich Schiaparelli auf der Südseite der Venus, in der äußersten Ecke des oberen (im umkehrenden Fernrohr gesehenen) Horns der schmalen Sichel, wo also der Südpol des Planeten liegen würde, helle Flecke so deutlich gesehen zu haben, daß es sich dabei nicht mehr um optische Täuschungen handeln könne. Es wäre ja immerhin möglich, daß der meist von Wolken gänzlich verhüllte Planet in Zeiten besonderer Aufheiterung seiner Atmosphäre einmal deutlichere Einzelheiten seiner eigentlichen Oberfläche für uns aufdecken könnte.

Mit diesem mysteriösen Lichte der Nachtseite der Venus sind wir noch nicht am Ende der Rätsel, die uns der so nahe Planet aufgegeben hat. Von der Mitte des siebzehnten bis zu der des folgenden Jahrhunderts behauptete eine Anzahl geübter Beobachter neben der Venussichel eine kleinere von derselben Gestalt gesehen zu haben, die die andere helleuchtend begleitete, also einen verhältnismäßig großen *Mond.* Später hat man nie wieder etwas davon gesehen. Es ist sehr wohl möglich, daß die damals noch recht unvollkommenen Fernrohre falsche Spiegelbilder erzeugten, die nur bei einem so hellen Objekt wie die Venus auffällig wurden. Nach Erfahrungen jedoch, die man erst in den letzten Jahren an gewissen neuentdeckten Monden in unserm System gemacht hat, wäre es nicht ganz ausgeschlossen, daß Venus nur vorübergehend einen Körper als Mond an sich gefesselt hätte, der durch dieselben »störenden« Einflüsse, die ihn in ihre Nähe brachten, wieder von ihr entfernt wurde. Es könnten in der Nähe der Sonne ziemlich große Massen umherschwirren, die sich in den Sonnenstrahlen beständig verbergen, um nur unter besonders günstigen Umständen auffällig zu werden. Ich erwähne dies hier nur als eine Möglichkeit, die jedoch eine geringe Wahrscheinlichkeit hat.

Nehmen wir auch hier wieder zusammen, was wir von den physischen Verhältnissen dieser uns nächsten Welt diesseits der Sonne wissen, so ist es, ebenso wie bei Merkur, herzlich wenig. Wir wissen nur sicher, daß der an Größe der Erde ebenbürtige Planet eine Atmosphäre hat wie sie, die auf ihrer Nachtseite zuweilen von einem geheimnisvollen Scheine, vielleicht Polarlichtern, erhellt wird. Ob dort in dem 225 unserer Tage langen Jahre die Tage wechseln, wie bei uns, hat nicht festgestellt werden können.

Es bleibt uns nur noch übrig, ein kurzes Wort von den *Venusdurchgängen* zu sagen, deren Bedeutung bereits in dem mehrfach erwähnten Kosmosbändchen »Sonne und Sterne« eingehender behandelt worden ist. Diese Vorübergänge der Venus vor der Sonnenscheibe sind viel seltener als die des Merkur. Sie ereignen sich in einem Zyklus, mit Zwischenräumen von 105½, 8, 121½ und 8 Jahren, so daß also die Jahre 1761 und 1769, dann wieder 1874 und 1882 Venusdurchgänge hatten, und die nächsten beiden erst in den Jahren 2004 und 2012 stattfinden. Wir erleben also solch ein Ereignis nicht mehr. Ich selbst habe den Durchgang von 1882 auf der Genfer Sternwarte durch Wolkenlücken zum Teil sehen können. Ernstliche Beobachtungen gestattete das neidische Wetter nicht. Damals, ebenso wie 1874, waren von allen zivilisierten Nationen viele Expeditionen in die entlegensten Teile der Erde gesandt worden, um das Phänomen mit denkbar größter Genauigkeit zu verfolgen und festzustellen, welchen Weg die Venus über die Sonnenscheibe nahm. Durch die perspektivische Verschiebung, die dieser Weg durch den verschiedenen Standpunkt der Beobachter auf der Erde erfuhr, war dann die Entfernung der Venus von uns in Teilen des Erddurchmessers zu ermitteln, und jene wieder ergab die Größe jener astronomischen Einheit der Sonnenentfernung in irdischem Maß. Bis vor kurzem waren die Venusdurchgänge noch das sicherste Mittel zu dieser Ausmessung des astronomischen Grundmaßes. Heute hat man in dem neuentdeckten kleinen Planeten Eros ein viel besseres Mittel zu dieser Bestimmung gefunden.

Entfernen wir uns auf unserer Wanderung durch das Planetensystem nun abermals weiter von der Sonne, so stoßen wir auf unsern eigenen Wohnsitz, *die Erde*, die wir hier als einen Himmelskörper, als einen andern Planeten auffassen, den wir von einem Standpunkte draußen im Weltgebäude zu erforschen suchen. Es werden sich dann bei der Fortsetzung unserer Forschungsreise für die Betrachtung anderer Himmelskörper wertvolle Parallelstellen oder Unterschiede ergeben.

Als gedachten Beobachtungsort im Weltgebäude wollen wir die Venus wählen, den günstigsten Punkt, den wir zu diesem Zwecke einnehmen können. Die Erde ist für sie der nächste Planet jenseits ihrer Sonnenbahn, so daß man uns von dort her während der ganzen, langen Venusnacht, soweit die dichte Wolkendecke es gestattet, beobachten kann. Unser Planet wendet ihr dabei seine vollbeleuchtete Tagesseite zu; er kann in *Opposition* zur Sonne treten, ihr genau gegenüber am Himmel stehen, um Mitternacht, wenn die Sonne tief unter dem Horizonte dahinzieht.

Solche Oppositionen der Erde für die Venusastronomen finden natürlich zu derselben Zeit statt, wenn Venus für uns in oberer Konjunktion steht, das heißt, wenn Erde, Venus und Sonne sich in einer Reihe befinden und die Venus in der Mitte zwischen ihnen. Die *synodische Umlaufszeit* der Venus für die Erde ist dieselbe wie die der Erde für die Venus; also jedesmal nach durchschnittlich 583½ Tagen (siehe S. 32) haben die Venusastronomen die günstige Gelegenheit, in die Geheimnisse unserer Welt einzudringen, während für uns sich um diese selbe Zeit die Venus umgekehrt in den Strahlen der Sonne verbirgt.

Durch Verfolgung der Bewegungen der leuchtenden Erdscheibe unter den festen Sternen ermittelt man dann leicht die wirkliche *Umlaufszeit* dieses schönen Sternes um die Sonne, unsere *Jahreslänge*. Man findet sie gleich 365,2564 Teilen der Einheit, die wir unsern Tag nennen, und die wir noch besonders zu definieren haben werden. Die Bahn des Erdsternes würden wir etwas exzentrischer, von der Kreisform abweichender, finden, als die der Venus ist. Ihre *Exzentrizität* ist gleich 0,0168. In dieser Bahn bewegt sich die Erde mit einer durchschnittlichen Geschwindigkeit von 27,8 km in der Sekunde um die Sonne, und zwar etwas schneller, wenn sie der Sonne näher steht. Ihre größte Nähe zur Sonne, ihr *Periheldurchgang*, findet in der gegenwärtigen Zeitepoche jedesmal am 1. Januar statt. Wir wissen aber schon, daß diese Richtung der kürzesten Entfernung selbst sich langsam immer in derselben Weise verschiebt. Diese Verschiebung (*Säkularbewegung des Perihels*) beträgt im Jahre 61,9 Bogensekunden (") und bewirkt, daß in etwa 10 500 Jahren die Richtung, in der uns die Sonne am nächsten steht, in unsern Juli fällt. Dadurch ändert sich, wie wir gleich noch besser erkennen werden, die Länge der Jahreszeiten zwischen den beiden Erdhalbkugeln, und man hat daraus die Ursache jenes geheimnisvollen Klimawechsels der Eiszeiten abzuleiten versucht.

Die mittlere Entfernung der Erde von der Sonne würde ein außerirdischer Astronom genau so ermitteln, wie wir es tun, indem wir die *Parallaxe der Sonne* ausmessen, das heißt den Winkel, unter dem die Erdscheibe, vom Mittelpunkte der Sonne aus gesehen, erscheinen würde. Er beträgt 17,60". In ein auf der Erde gebräuchliches Maß übersetzt, ergibt sich die Entfernung der Erde von der Sonne daraus gleich 149 500 000 km.

Betrachten wir die Scheibe des Erdsterns etwas genauer, so finden wir zunächst, daß sie vollkommen rund zu sein scheint, soweit sie nicht als Phase nur teilweise beleuchtet ist. In Wirklichkeit wissen wir, daß die Erde an den Polen etwas abgeplattet ist, so daß ihr Durchmesser von Pol zu Pol um ein Zweihundertneunundneunzigstel kleiner ist als der Weg von einem Punkt des Äquators zu einem andern durch den Erdmittelpunkt. Aber unsere Meßwerkzeuge würden dies von der Venus aus nicht nachzuweisen vermögen. Wir schließen daraus, daß auch diese ebenso abgeplattet sein kann, ohne daß wir es derzeit zu finden vermögen.

Das Licht des Erdsterns, seine *Albedo*, würden wir weniger hell finden als das der Venus, aber heller als das des Merkur. Interessante Untersuchungen, die deswegen neuerdings auf Mt. Wilson über die reflektierende Kraft der Wolken angestellt wurden, ergaben in Verbindung mit der durchschnittlichen Bedeckung der Erdoberfläche durch Wolken die *Albedo* der Erde gleich 0,37, also beinahe dreimal größer als die des Merkur und des Mondes, aber nur halb so groß wie die der Venus. Vielleicht würde man das Gesamtlicht der Erde innerhalb einer Periode, die gerade ihrem Umlauf um die Sonne entspricht, etwas veränderlich finden und sehr bald erkennen, daß der Grund davon eine wechselnde Bedeckung der wahrgenommenen festen Flecke auf ihrer Oberfläche durch kommende und gehende, sich schnell an Ausdehnung und lichtreflektierender Kraft verändernde, weiße Flecke ist. Wenn auf dem Planeten, von dem aus wir dies beobachten, etwas Ähnliches auftritt, so werden wir diese weißen Flecke für Wolken oder vorübergehende Schneebedeckung, die festen für Kontinente, Meere oder bleibende Eisflächen erklären.

Unsere Aufmerksamkeit zunächst diesen festen Flecken zuwendend, machen wir die Wahrnehmung, daß sie in völlig regelmäßiger Weise auf der leuchtenden Erdscheibe hinziehen, am schnellsten, wenn sie gerade über die Mitte der Scheibe wandern, langsamer und sich in ihrer Form in bestimmter Weise verkürzend, wenn sie gegen den Rand hin rücken. Wir schließen daraus, daß die Erde eine Kugel ist, die sich in unveränderlicher Weise um ihre Achse dreht. Wir können auch sofort deutlich unterscheiden, daß dies in einer Weise geschieht, die uns verrät, daß die Erdachse nicht senkrecht auf der Ebene steht, in der sich unser Planet um die Sonne bewegt, und also die Ebene der am schnellsten sich bewegenden Flecke der Erdoberfläche, die Ebene ihres *Äquators*, einen bestimmten Winkel mit der Ebene der Erdbahn macht. Wir nennen diesen Winkel die *Schiefe der Ekliptik*. Sie beträgt gegenwärtig 23° 27' 8" und ist, im Laufe der Jahrhunderte nur sehr wenig um einen Mittelwert schwankend, veränderlich.

Dieser Winkel bedingt bekanntlich die *Jahreszeiten*, und ein ähnlicher Winkel muß auch auf andern Planeten die entsprechende Wirkung haben, wenn wir ihn dort beobachten, weshalb diese Verhältnisse uns hier besonders interessieren.

Der noch nicht mit den betreffenden Verhältnissen aus der mathematischen Geographie vertraute Leser mag das einfache Experiment mit einem Apfel machen, den er mit einer Stricknadel durchsticht und mit dieser auf einem tellerförmigen Fuß derartig befestigt, daß der Apfel mit seiner Stricknadel schräg auf der Tischplatte steht. In der Mitte des Tisches steht die Lampe als Sonne, der Apfel ist die Erde, und die Stricknadel die Achse, um welche sie sich in ihrer täglichen Bewegung dreht. Die Tischplatte ist die Ebene der Erdbahn, die Ekliptik. Wir schieben nun den Erdapfel auf seinem Fuße um die Sonnenlampe derart, daß die Stricknadel stets dieselbe Richtung, nicht zur Lampe, sondern zu irgend etwas außerhalb des Tisches, etwa dem Fensterkreuz, beibehält. Dieses »außerhalb« bedeutet den Weltraum: die Lage der Erdachse in diesem verändert sich nicht, trotz aller sonstigen Bewegungen der Erde. Nehmen wir einmal an, in einer bestimmten Stellung des Erdapfels zur Sonnenlampe sei das untere Ende der Stricknadelachse gerade gegen die Lampe hin, das obere schräg von ihr abgewendet. Wir können noch auf dem Erdapfel einen Äquator einschneiden, indem wir ihn in zwei gleiche Hälften derart trennen, daß die Mitte jeder Hälfte oben und unten die Punkte sind, wo die Stricknadel den Apfel durchsticht, die Pole, oben der Nordpol, unten der Südpol. In der von uns gewählten Lage wird dann der Nordpol nicht mehr von der Sonnenlampe beschienen; er ist ja von ihr abgewendet. Dagegen ist der Südpol voll beleuchtet. Wir können den Apfel noch soviel um die Nadel drehen, indem wir nur ihre Lage gegen die Tischplatte nicht verändern, so bleibt doch der Nordpol im Dunkeln, der Südpol im Sonnenschein. Die Lichtgrenze, die sich beim Drehen oben und unten auf dem Apfel als ein kleiner Kreis bildet, ist der Polarkreis, oben der nördliche, unten der südliche. Ziehen wir von der Lampe bis zum Apfel eine gerade Linie parallel zur Tischplatte, vielleicht wieder in der Form einer langen Stricknadel, so trifft sie ihn in den Punkten, wo die Sonnenlampe senkrecht auf den Apfel scheint. Drehen wir den Apfel wieder um seine feste Achse, so entsteht wieder ein Kreis parallel zu unserm Äquatoreinschnitt, aber kleiner wie dieser. Der beleuchtete Teil dieses Äquators liegt überall oberhalb dieses kleineren Kreises, der die sogenannte heiße Zone auf der Erde auf der Südhalbkugel abgrenzt. Es ist der *Wendekreis des Steinbocks.* Bis hierher kann also die Sonne senkrecht über den Menschen stehen, die sich hier auf der Erde befinden.

Nun wandern wir mit unserer Erde weiter und machen einen Viertelkreis um den Tisch, immer so, daß unsere Erdachse ihre Richtung, ihren Winkel zur Tischebene, beibehält. Dann werden wir sehen, wie immer mehr von dem Gebiete innerhalb unseres nördlichen Polarkreises beleuchtet wird, und wenn wir den Viertelkreis vollendet haben, geht gerade die Sonne am Nordpol auf. Unsere schiefstehende Erdachse ist jetzt in allen Teilen gleichweit von der Sonnenlampe entfernt, und drehen wir nun die Erde darum, so werden alle ihre Oberflächenteile nacheinander beleuchtet. Es ist Frühlingsanfang; die vorige Stellung entsprach dem Anfang des Winters auf unserer nördlichen Halbkugel. Bewegen wir die Erde in derselben Weise nun noch um einen weiteren Viertelkreis, so ist der Nordpol der Sonne am nächsten, der Südpol beständig im Schatten. Wir finden den *Wendekreis des Krebses*, wie vorhin den des Steinbocks; es ist Sommersanfang für uns. Zwischen beiden Wendekreisen liegt die *heiße Zone*, wo die Sonne überall einmal im Jahre zur Mittagszeit genau über den Köpfen der Bewohner stehen kann; zwischen Wende- und Polarkreisen sind die beiden *gemäßigten Zonen*, die Polarkreise schließen auf beiden Seiten die *kalten Zonen* ein. Bei weiterer Wanderung der Erde aus ihrer jährlichen Reise kommen wir zum Herbstanfang, wobei die Stellung der Sonne zur Erdachse wieder dieselbe wird, wie sie es ein halbes Jahr früher beim Frühlingsanfang war, und dann kommen wir endlich auf unsern Ausgangspunkt zurück. Die Jahresreise und die Reise durch die Jahreszeiten ist vollendet.

Wenn wir auch in bezug auf die Erde, die wir selbst bewohnen, die hier wiedergegebenen Erfahrungen auf anderem und sicherem Wege ermittelt haben, als es von einem außerirdischen Standpunkte möglich gewesen wäre, so hätten wir sie durch die Bewegungen der festen Oberflächenflecke, der Kontinente und Meere, ebensogut ermitteln können. Wir hätten den Winkel der Schiefe der Ekliptik, wie er weiter oben angegeben ist, richtig gefunden, die Größe der Zonen auf dem Erdball danach abgemessen und den Anfang der Jahreszeiten sowie ihre Länge bestimmt.

Dabei hätten wir noch manche interessanten Beobachtungen gemacht. Wir hätten zunächst gesehen, daß die polaren Gebiete auf beiden Seiten beständig in »schneeweißem« Lichte strahlen, und daß diese weißen Hauben mit den Jahreszeiten regelmäßig ihre Ausdehnung verändern. Wenn auf einer Halbkugel die Sonne am tiefsten steht, die weiße Haube sich also in ihre Polarnacht gehüllt hat, dann sieht man den weißen Fleck sich weit in die gemäßigte Zone ausdehnen und erst etwa anderthalb Monate nach dem betreffenden Sonnenstande sein Maximum oder Minimum der Ausdehnung erreichen; auf der nördlichen Halbkugel ist seine Ausdehnung um Mitte Februar am größten, Mitte August am kleinsten, und umgekehrt auf der andern Seite der Erde. Wir wissen, daß die Ursache davon in den meteorologischen Verhältnissen unseres Planeten liegt. Wärme und Kälte werden vom Erdboden aufgesogen und wirken eine Zeitlang der direkten Sonnenstrahlung entweder entgegen oder verstärken sie. Bis in die äquatorialen Gegenden indes reicht die weiße Haube niemals, dagegen würde man in sehr guten Fernrohren hier sowohl wie in gewissen Gebieten der gemäßigten Zonen beständige weiße Punkte wahrnehmen, unsere Hochgebirge, von denen aus beim Wechsel der Jahreszeiten die weiße Bedeckung sich ausdehnt und zurückzieht.

Nachdem von den festen Gebieten der gemäßigten Zonen, die wir als Kontinente von den Meeren unterscheiden konnten, weil auf diesen letzteren überhaupt keine Veränderungen gesehen wurden, die weißen Flecke seit einiger Zeit verschwunden waren, würden wir sie mit einem grünlichen Ton sich überziehen sehen: der Frühling ist über sie gekommen.

Aber all diese Beobachtungen würden sehr häufig von jenen weißlichen Stellen vereitelt werden, die zeitweilig über die Oberfläche hinziehen und ihre festen Flecke verhüllen: unsere Wolken. Bei genauerem Hinblick erkennen wir auch bei ihnen den Einfluß der Sonnenbestrahlung und der Zonen. Sehr auffällig würde namentlich ein Gürtel sein, der sich zu gewissen Zeiten etwa längs der Grenze zwischen der heißen und der gemäßigten Zone, also etwa einem Wendekreise folgend, dem Äquator parallel hinzieht, sich langsam bis gegen den Äquator ausdehnt und von dort wieder zurückzieht. Es ist der Wolkengürtel, der die periodischen Regenzeiten der tropischen Gegenden verursacht. Er würde, wenn auch sonst gar keine Einzelheiten auf dem Planeten zu erkennen wären, aus denen man auf seinen täglichen Umschwung schließen könnte, diesen uns verraten, weil nur hierdurch diese dem Äquator parallele Lage solcher Wolkenstreifen hervorgebracht werden kann. Ein Punkt des Äquators macht bei seinem täglichen Umschwunge einen Weg von 465 m in jeder Sekunde. Dieser großen Geschwindigkeit können die oberen Luftschichten nicht mehr so gut folgen als die gewissermaßen an der Oberfläche klebenden. Es entsteht ein beständiger entgegengesetzter (Ost-) Wind in den äquatorialen Gegenden, der diese Anordnung der Wolkenstreifen bedingt. Beim Übergang der Luftströmungen in höhere Breiten kehrt sich dagegen das Verhältnis um, weil die Luft hier mit einer schnelleren Rotationsgeschwindigkeit ankommt, als sie die feste Oberfläche hier noch besitzt. Deshalb herrschen in der gemäßigten und kalten Zone wieder Westwinde vor, die also der Bewegung der Erdoberfläche vorauseilen.

Eine sehr seltsame Wahrnehmung würden wir in einem gewissen Gebiete machen, das wir Ägypten nennen. Während diese Gegend für gewöhnlich eine gleichmäßig gelbe Farbe besitzt, färbt sich zu gewissen Jahreszeiten ein schmaler, fast geradlinig von Süden nach Norden verlaufender, nur in den besten Fernrohren sichtbarer Streifen sozusagen schrittweise gegen Norden hin dunkler, bleibt so eine Weile, nimmt dann eine grünliche Farbe an, um schließlich wieder in dem allgemeinen Gelb der Landschaft zu verschwinden. Wir wissen, daß es die Nilniederung ist, die wir durch ihre verschiedenen Phasen der Überschwemmung verfolgt haben, von dem aus dem Süden zuströmenden Wasser herrührend, das ein Wüstengebiet von etwa 30 km Breite dunkel färbt, über die Zeit ihrer Begrünung und zurück in ihre ursprüngliche Wüstennatur.

Noch viele andere interessante Dinge würde das nähere Studium des Erdplaneten aufdecken, die wir hier nicht weiter verfolgen wollen. Bemerkt sei noch, daß wir das Verhältnis zwischen Land und Meer wie etwa 1 zu 4 finden; fast drei Viertel von der Oberfläche des Planeten sind von jenen dunkleren, unveränderlichen Gebieten, den Meeren, eingenommen.

In der Umgebung unserer leuchtenden Erdscheibe haben wir schon längst eine andere kleinere Scheibe in unsern Fernrohren wahrgenommen, die sie beständig, und zwar in etwa einem Monat, umkreist, unsern *Mond*. Seine Scheibe ist nur etwa viermal kleiner als die der Erde. Von der Venus aus würden wir auf seiner Oberfläche in guten Fernrohren noch manche Einzelheit erkennen und unterscheiden, daß er der Erde immer dieselbe Seite zukehrt. Dies aber wird wahrscheinlich dadurch noch viel deutlicher hervortreten, daß das von ihm zurückgestrahlte Gesamtlicht während eines

Umlaufs des Mondes um die Erde in bestimmter Weise schwankt. Dies muß nämlich geschehen, wenn die uns beständig abgewandte Seite unseres Begleiters, von der wir freilich gar nichts wissen, andere Oberflächengestaltung besitzt, etwa mehr Krater oder mehr Mareebenen, so daß diese Seite im ganzen mehr oder weniger Sonnenlicht zurückstrahlt als die uns bekannte. Da einem Beschauer außerhalb der Erde bald diese und bald die andere Seite zugewandt ist, so muß die Menge des zurückgestrahlten Lichtes in der angeführten Weise schwanken.

Zu gewissen Zeiten, zwei- oder dreimal des Jahres, sehen wir, wie das Licht des neben der Erde stehenden Mondes langsam ausgelöscht wird, um nach einer gewissen Zeit, die bis zu drei Stunden ansteigen kann, erst wieder in seinem vollen Glanze zu strahlen. Wir sehen bald, daß diese *Verfinsterungen* nur stattfinden, wenn Sonne, Erde und Mond in derselben geraden Linie stehen. Der Mond tritt also dann in den Schatten der Erde. Wenn dagegen der Mond genau zwischen Erde und Sonne vorüberzieht, so sehen wir, wie ein kleiner schwarzer Fleck vor der Erdscheibe hinwandert. Die Spitze des Schattenkegels des Mondes trifft hier die Erdoberfläche und erzeugt dort eine *totale Sonnenfinsternis*. Zu andern Zeiten sieht man die kleine Mondscheibe vor der der Erde hinziehen oder sich hinter ihr hindurchschieben, kurz, es ist ein sehr interessantes Spiel, das die außerirdischen Astronomen an der Erde und ihrem treuen Begleiter beobachten, und sind sie wirklich vorhanden und haben eine uns ähnliche Intelligenz, so werden sie alle diese Beobachtungen verbinden zu einem Weltbilde, das der Wirklichkeit gewiß nicht völlig entsprechen wird, von ihr aber doch nicht grundzügig verschieden sein kann.

Ja, es ist sogar möglich, daß von einem außerirdischen Standpunkte Dinge sich offenbaren, die uns hier auf der Erde verborgen geblieben sind. Es ist durchaus nicht ausgeschlossen, daß die Erde neben ihrem großen noch eine Anzahl sehr kleiner Monde besitzt, wie wir sie bei andern Planeten auf photographischem Wege durch lange Expositionszeiten entdeckt haben. Für uns würden sich solche winzigen Lichtpunkte wegen ihrer zu schnellen Bewegung nicht mehr auf der empfindlichen Platte markieren können. Es sind sogar, wenn auch noch unsichere, Anzeichen dafür vorhanden, daß die Erde einen ganzen Ring von solchen winzigen Körperchen um sich versammelt hat, der sich durch gewisse veränderliche Anziehungen zu verraten scheint. Er würde jedenfalls aus einer gewissen Entfernung von der Erde wesentlich besser zu entdecken sein, wie bei uns.

▣

Nachdem wir so alles Wesentliche über unsere Erde als Himmelskörper verzeichnet haben, können wir unsere Reise in den Weltraum mit geklärteren

Blicken fortsetzen. Wir übergehen dabei zunächst den kleinen Planeten Eros, obgleich dieser für uns der nächste im Sonnenreiche jenseits der Erdbahn ist. Er gehört nach seiner ganzen Art in die Reihe der kleinen Himmelskörper, die jenseits des Mars einen Ring um die Sonne bilden. Erst im Zusammenhange mit diesen werden wir deshalb auf Eros zurückkommen.

Abb. 12. Mars in verschiedenen Oppositionen.

Nur noch eine kleine Strecke weiter jenseits begegnen wir dem *Mars*, dem meistgenannten und interessantesten der Geschwister unserer Erde. Er bewegt sich in einer Entfernung von 1,5237 Einheiten einer Sonnenweite in 686,9796 unserer Tage um das Zentralgestirn, und zwar geschieht dies in einer Bahn, die nach der des Merkur, abgesehen von den kleinen Planeten, am meisten vom Kreise abweicht. Die *Exzentrizität* ist 0,0933. Die Bahnebene ist um 1° 51' gegen die der Ekliptik geneigt.

Seine synodische Umlaufszeit, während der er immer einmal in *Opposition* tritt, also der Sonne gerade gegenübersteht und uns dabei seine vollbeleuchtete Seite zeigt, ist durchschnittlich gleich 2 Jahren 49 Tagen. Die letzten Oppositionen fanden am 8. Mai 1905, am 6. Juli 1907 und am 23. September 1909 statt. Die nächsten werden im November 1911 und im Januar 1914 eintreten. Bei einer solchen Stellung ist Mars natürlich am besten zu beobachten, zumal er uns dann auch am nächsten steht. Aber die verschiedenen Oppositionen sind in dieser Hinsicht nicht gleichwertig. Die Marsbahn ist, wie wir schon erfuhren, recht exzentrisch, und auch die Erdbahn ist kein vollkommener Kreis. Es können also die beiden extremen Fälle eintreten, daß die Opposition gerade stattfindet, wenn die Erde der Sonne am nächsten, Mars aber ihr am entferntesten steht, und umgekehrt. Die günstigsten Oppositionen ereignen sich immer nach sechzehn Jahren. Die Opposition von 1909 gehört zu diesen besonders begünstigten. Er erscheint dabei unter einem Winkel von etwas mehr als 24 Bogensekunden, während dieser bei mittleren Oppositionsbedingungen nur etwa 18

Sekunden mißt. In Abb. 12 sind Scheiben abgebildet, die diese Größen etwa für ein 300mal vergrößerndes Fernrohr wiedergeben, wenn man sie in einer Entfernung von 1,15 m vom Auge aufstellt. Zu diesen allgemeinen Bedingungen der Sichtbarkeit treten aber noch die für einen bestimmten Beobachtungsort. Die Höhe, bis zu der Mars während der verschiedenen Oppositionen höchstens über den Horizont steigen kann, ist sehr verschieden. 1907 blieb er für die europäischen Sternwarten so nahe am Horizont, daß die atmosphärischen Dünste nur selten ein klares Bild des Planeten zeigten. 1909 waren diese Verhältnisse schon wesentlich günstiger, und noch besser werden sie 1911 werden, obwohl dann der Durchmesser des Planeten gegen 1909 bereits wieder abgenommen hat.

Aus den wechselnden scheinbaren Durchmessern des Planeten bei seinen verschiedenen Entfernungen von uns folgt sein *wahrer Durchmesser* zu 6740 km, immerhin mit einer Unsicherheit von etwa hundert Kilometern, die bei der Ausmessung so kleiner Winkel, wie sie die Planetenscheibe bietet, übrigbleibt. Aus diesem Durchmesser, in Verbindung mit der Anziehungskraft, die Mars ausübt, ergibt sich die Dichtigkeit seiner Masse zu etwa 0,7 der der Erde. Sie ist also noch ein wenig geringer wie die der Venus. Einige Beobachter wollen eine geringe Abplattung wahrgenommen haben, aber auch diese ist innerhalb der Unsicherheit der Beobachtung geblieben. Wir sehen also, daß die Welt des Mars im Durchmesser nur wenig mehr als die Hälfte der unsrigen hält. Sehen wir nun zu, was wir von ihrer inneren Einrichtung zu erforschen vermögen.

Schon die ersten Beobachter sahen hellere und dunklere Flecke auf dem Planeten, die ihre Form nicht veränderten, aber über die Scheibe hinzogen, ihre Rotation um eine feste Achse zweifellos verratend. Die Umdrehungszeit ergab sich zu 24 Stunden 37 Minuten und 23 Sekunden, das macht 41 Minuten mehr für den Marstag als den der Erde, denn dieser ist nicht 24 Stunden lang, sondern in bezug auf eine feste Richtung im Weltgebäude um etwa 4 Minuten weniger; der *Sterntag* der Erde hat nur 23 Stunden 56 Minuten und 4 Sekunden. Es ergibt sich ferner aus der Verfolgung jener festen Flecke, daß der Marsäquator gegen die Ebene der Marsbahn um etwa 25° geneigt ist, das ist also nur ein geringes mehr als bei der Erde, wo die Schiefe der Ekliptik bekanntlich 23½° beträgt. Wir wissen, daß von diesem Winkel der Wechsel der Jahreszeiten, die Lage und Größe der klimatischen Zonen abhängt. Statt 47°, wie bei uns, hat also auf Mars die heiße Zone eine Ausdehnung von 50°; die Polarregionen reichen bis zu 25° statt 23½° rings um die geometrischen Pole herum, deren Lage wir natürlich genau angeben können. Die gemäßigten Zonen bilden Gürtel von nur 40°, gegen 43° auf der Erde. Wir können auch durch diese Lageverhältnisse den Beginn und die Länge der Jahreszeiten auf Mars leicht berechnen und finden, daß der Frühling dort 199 unserer Tage lang ist, der Sommer 182, der Herbst 146 und der Winter 160

Tage. Die beträchtliche, bei uns viel geringere Verschiedenheit der Jahreszeitenlänge ist durch die größere Abweichung der Marsbahn von einem Kreise bedingt, wodurch nach dem Keplerschen Gesetze Mars verschieden schnell seine Bahn durchläuft, je nachdem er sich der Sonne näher oder entfernter befindet.

Wie wir es bei der Erde sahen, wird Mars durch diese schiefe Stellung seiner Achse der Sonne sowohl wie auch uns abwechselnd seinen Süd- und Nordpol zuwenden, je nachdem seine Südhalbkugel oder die Nordhälfte Sommer hat. Dazwischen liegen die Zeiten der Nachtgleichen, in denen er beide Pole zeigt. Wir beobachten dabei regelmäßig, daß die Polarregionen des Planeten, die vorher in Nacht gehüllt waren, also ihren Winter hatten, mit einer weißen Haube überdeckt waren, sobald sie uns wieder sichtbar wurden. Diese *weißen Polarflecke* aber wurden immer kleiner, je länger die Sonne die betreffende Gegend beschienen hatte, je weiter also die Sommerszeit vorrückte. Endlich, im Hochsommer, ein bis zwei Monate über den höchsten Sonnenstand hinaus, war alles Weiße in der betreffenden Polarzone verschwunden.

Der Vergleich mit irdischen Verhältnissen drängt uns die Vermutung auf, daß es sich hier um Schnee und Eis handelt, die in den betreffenden Jahreszeiten kommen und gehen, wie bei uns. Aber wir müssen hier sofort ein Fragezeichen machen, denn die beobachteten Verhältnisse entsprechen doch nicht ganz denen auf der Erde. Der Traum unserer Polarforscher ist auf dem Mars erfüllt: die Pole werden zur Sommerszeit eisfrei. Das ist um so merkwürdiger, als man leicht berechnen kann, daß die Sonnenstrahlung auf dem 1½mal weiter als wir vom Zentralherde unseres Systems entfernten Planeten 1½mal 1½, also 2¼mal geringer sein muß als bei uns, wobei allerdings zu berücksichtigen ist, daß auf der Marsoberfläche selbst sich diese Verhältnisse durch verschiedene Eigenschaften der Wärme absorbierenden Atmosphäre wesentlich ändern können. Dieser geringeren Sonnenkraft scheint auch die Wahrnehmung zu entsprechen, daß die weißen Flecke gelegentlich viel weiter gegen den Äquator vorrücken als bei uns; selbst völlig unter dem Gleicher hat man Gebiete weiß übersprenkelt gesehen. Man konnte sich denken, daß hier auf dem Nachbarplaneten Gebirgszüge sich erheben, deren Gipfel gelegentlich überschneit wurden. Zunächst wollen wir uns hier mit der Feststellung begnügen, daß auf jener andern Welt wohl zweifellos Ähnlichkeiten mit der unsrigen hervortreten, daß aber doch auch deutliche Unterschiede vorhanden sind, die einer besonderen, von unsern irdischen Erfahrungen abweichenden Erklärung bedürfen. Wir müssen noch weiteres Beobachtungsmaterial sammeln, ehe wir es versuchen dürfen, ein der Wirklichkeit sich vermutlich näherndes Bild dieser andern Welt zu entwerfen.

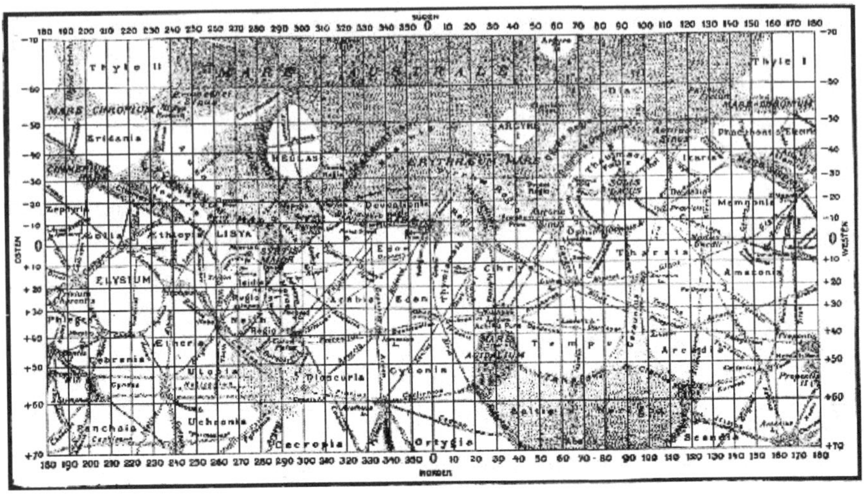

Abb. 13. Karte des Mars.

Wir wenden uns den helleren und dunkleren festen Flecken auf der Planetenscheibe zu, die wir nach irdischer Analogie für Festländer und Meere, vorbehaltlich entgegenstehender weiterer Erfahrungen, halten dürfen. Die Ausdauer und Kunst unserer besten Beobachter, ausgerüstet mit den vorzüglichsten Sehwerkzeugen unter günstigen Himmelsstrichen, hat in jahrzehntelanger Arbeit eine Fülle von Einzelheiten auf dem kleinen Planeten aufgedeckt, die zu einer *Karte des Mars* vereinigt sind, von der in Abb. 13 eine Wiedergabe abgedruckt ist. Sie ist in neuerer Zeit nach allen bekannt gewordenen, zuverlässigen Beobachtungen von *Flammarion* und *Antoniadi* zusammengestellt worden. Es sei aber gleich bemerkt, daß der Besitzer selbst eines schon ziemlich bedeutenden Fernrohrs sehr enttäuscht sein würde, wenn er unter gewöhnlichen Umständen von diesen Oberflächengestaltungen auf der kleinen Scheibe des Planeten mehr als einige schwache Andeutungen sehen wollte. Es gehören außer den günstigsten optischen und atmosphärischen Bedingungen jahrelang geübte Augen dazu, um diese meist an der letzten Grenze unseres Wahrnehmungsvermögens liegenden Feinheiten mit einiger Sicherheit zu unterscheiden. Ich selbst habe kaum jemals mit dem schönen Instrument von zehn Zoll Öffnung unter dem oft vorzüglichen Himmel Genfs einen »Kanal« sicher gesehen. Die hier unten wiedergegebenen, bei der Opposition von 1907 hergestellten Photographien (Abb. 14) mögen eine Anschauung davon geben, wie die Planetenscheibe in den günstigsten Fällen im Fernrohr aussieht. Aber auch sie sind noch zum Zwecke der Reproduktion »retuschiert« worden, damit die mit äußerster Anstrengung gesehenen Einzelheiten beim Druck nicht wieder verschwinden. Diese Aufnahmen sind von *Lowell* auf der Flagstaff-Sternwarte in Arizona gemacht worden, die der

Genannte unter dem reinen Himmel der Subtropen in bevorzugter Höhenlage eigens zur Erforschung der Welt des Mars errichtet hat.

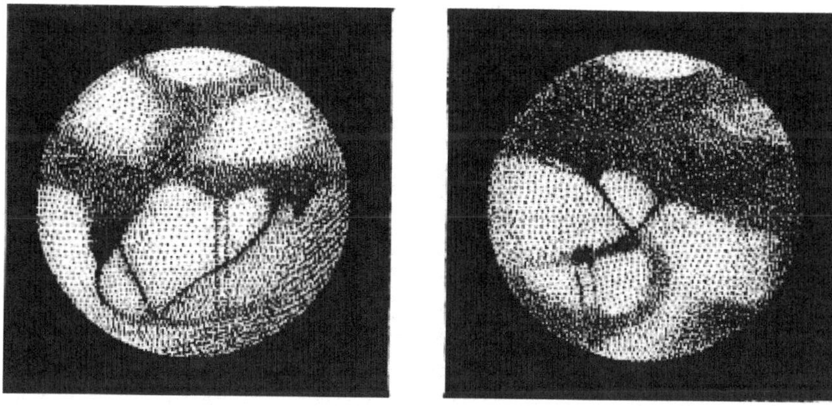

Abb. 14. Photographien des Mars.

Jene helleren und dunkleren Gebiete aber, die wir vorläufig als Länder und Meere bezeichnen, sind meist schon unter mäßig guten Bedingungen zu erkennen. Ihre Ausdehnung zeigt zunächst, daß auf dem Mars die Meere (immer unter der Voraussetzung, daß es wirklich solche sind) gegen die Landgebiete wesentlich zurücktreten. Fanden wir, daß auf der Erde nur etwa ein Viertel der Fläche als Land über die Meere hervorragt, so ist das Verhältnis auf dem Mars gerade umgekehrt. Die nördliche Halbkugel des Mars ist fast ganz mit Land bedeckt, und nur auf der Südhälfte befindet sich ein ausgedehnteres Meer, wie unsere Karte zeigt. Aber ein anderer Umstand beweist, daß diese »Meere« vielfach sehr seicht, ja daß es vielleicht zum Teil gar keine Meere, sondern eine Art von Moorgründen sind, die nur zeitweise überschwemmt werden. Man erkennt nämlich auch in diesen dunkeln Gebieten zuweilen Einzelheiten, die denen auf den »Landgebieten« ähnlich sind, Linien, rund umgrenzte Stellen und anderes, auf das hier nicht im einzelnen beschreibend einzugehen ist. Nehmen wir alle betreffenden Wahrnehmungen zusammen, so müssen wir zu dem Schlusse kommen, daß auf dem Mars jedenfalls viel weniger Wasser vorhanden ist als auf der Erde. Wir wollen diese wichtige Frage vorweg weiter verfolgen, ehe wir uns den übrigen Verhältnissen auf der Marsoberfläche zuwenden.

Nur sehr selten bemerkt man auf dem Mars etwas, das einer Wolkenbedeckung ähnlich wäre. Man hat wohl gelegentlich leichte Schleier bemerkt, die vorher sichtbare feste Flecke undeutlich erscheinen ließen, und dann war es recht charakteristisch, daß nach dem Verschwinden der Trübung die betreffende Gegend oft mit weißen Punkten übersprenkelt erschien, die ihrerseits bald wieder verschwanden. Das würde also auf einen Schneefall hindeuten. Aber die Frage, ob es sich hierbei um wirkliche Wolken handelte, konnte doch nicht sicher entschieden werden. Man sah sich die Oberfläche auch mit weißen, in der Richtung der Umdrehung des Planeten um seine Achse verschobenen Streifen überziehen, ohne daß vorher Wolkenschleier in den betreffenden Gegenden bemerkt worden wären.

Diese letztere Wahrnehmung macht das Vorhandensein von Winden auf dem Mars fast unzweifelhaft, die unserm Gesetze der Stürme folgen, was jene Ausweichung ihrer Richtung beweist. Hier hätte man sich also kalte, von den Polen ausgehende Luftströmungen zu denken, unter deren Einfluß sich ein Niederschlag gebildet hätte, etwa unserer Reifbildung entsprechend.

Alle diese Wahrnehmungen machen das Vorhandensein einer Marsatmosphäre unzweifelhaft. Es fragt sich nur, welche Zusammensetzung, welche Dichtigkeit und vor allem, welche Temperatur man ihr zuzuschreiben hat. Hierüber sind namentlich in der neueren Zeit sehr interessante Untersuchungen und theoretische Betrachtungen angestellt worden, die über die Welt des Nachbarplaneten Licht zu verbreiten beginnen.

Zunächst ist zu sagen, daß die direkte Beobachtung des Spektroskops das Vorhandensein einer von der unsrigen vermutlich nicht wesentlich verschiedenen, aber viel dünneren Lufthülle sehr wahrscheinlich gemacht hat, wofür auch die geringe *Albedo* des Mars spricht, die mit 0,22 nur wenig größer ist als die des Merkur und des Mondes, so daß wir also annehmen müssen, daß ein wesentlich beträchtlicherer Teil der Sonnenwärme bis zur Oberfläche des Mars gelangt als bei uns. Eine Reihe von anderweitigen Untersuchungen gibt der Lufthülle des Mars nur etwa den vierten Teil der Dichte der unsrigen. Wir hätten sie also mit der zu vergleichen, die auf den Gipfeln unserer Gebirgsriesen anzutreffen ist. Dabei ist zu bedenken, daß die Sonnenstrahlung auf dem entfernteren Mars geringer ist als bei uns. Man kann nun nach einem von *Stefan* gefundenen Gesetze die Temperatur der Marsoberfläche aus der Menge der von der Sonne ihm zugestrahlten Wärmemengen berechnen. Um diese letztere zu bestimmen, muß man das Verhältnis der sogleich wieder von der Atmosphäre des Planeten in den Weltraum zurückgegebenen Sonnenstrahlung zu der wirklich aufgenommenen festzustellen suchen. Was wir vorhin als »*Albedo*« bezeichneten, ist dieses Verhältnis. Je heller ein Planet uns erscheint, desto mehr Sonnenstrahlung hält er eben für sich zurück. Wendet man dieses Gesetz auf den atmosphärenlosen Mond an, so kommt man zu Temperaturen, die mit den in neuerer Zeit direkt gemessenen sehr gut übereinstimmen. Für die Erde zwar erhält man unter der Voraussetzung, ihre rückstrahlende Kraft, ihre Albedo, sei der der Venus mit ihrer dichten Wolkendecke gleich, einen zu geringen Wert, minus 1,7° C für die Durchschnittstemperatur der gesamten Erdoberfläche, die in Wirklichkeit etwa plus 15° beträgt, aber dies hat wahrscheinlich seinen Grund darin, daß die errechnete Temperatur für die der Oberfläche sozusagen mitanhaftenden

Luftschichten mitgilt, die ja eine geringere Temperatur besitzen als die Luft der Oberfläche selbst. Auch scheint nach den weiter oben angeführten Beobachtungen die Albedo der Erde zu groß angenommen zu sein. Diese Wärme verschluckende Wirkung der Atmosphäre hängt wesentlich von ihrer Zusammensetzung ab. Sauerstoff, Stickstoff und Argon, die hauptsächlichsten Bestandteile unserer Erdenluft, können nur wenig Wärme festhalten, wohl aber der Wasserdampf und die Kohlensäure. Sie wirken als schützender Mantel, verhindern sowohl die zu starke Einstrahlung wie andererseits die Ausstrahlung.

Für den Planeten Mars gibt die betreffende Rechnung eine Durchschnittstemperatur von minus 37° C. Bei dieser würde das Wasser also beständig im festen Zustande beharren und könnte die dort beobachteten Erscheinungen des Schmelzens der weißen Polarkappen sogar bis zu den Polen selbst hin nicht erklären. Man hat deshalb seinerzeit die Vermutung ausgesprochen, was man dort sich als Schnee niederschlagen und wieder tauen sah, sei gar kein Wasser, sondern Kohlensäure, die ja auch alle drei Aggregatzustände anzunehmen vermag. Kohlensäure spielt ja auch in unserer Atmosphäre eine wichtige Rolle und wird in früheren Entwicklungsperioden der Erde jedenfalls in noch erheblich bedeutenderem Prozentsatze unserer Luft beigemischt gewesen sein, der gegenwärtig nur 0,03% beträgt. Aber der schwedische Forscher *Arrhenius*, der sich in tiefgründender Weise mit der Frage der physikalischen Zustände auf andern Welten befaßt hat, und dessen Betrachtungen ich hier in der Hauptsache folge, machte unter anderm darauf aufmerksam, daß Kohlensäure ja erst unter sehr hohen Drücken flüssig bleibt, andernfalls aber schnell aus dem festen, schneeartigen Zustande in den gasförmigen übergeht. Von solchem Drucke kann aber auf dem Mars nicht die Rede sein, während wir andererseits sehr deutlich den Übergang dieses Marsschnees in einen flüssigen Zustand beobachten. Wir müssen die Kohlensäurehypothese in dieser Form für den Mars aufgeben. Aber Arrhenius glaubt in anderer Weise die Kohlensäure für die Erklärung der dortigen Zustände heranziehen zu können. Die in der Atmosphäre freischwebende Kohlensäure ist nämlich in noch weit höherem Maße wie der Wasserdampf imstande, die einstrahlende Wärme festzuhalten und deshalb der eigentlichen Oberfläche des betreffenden Weltkörpers als schützendes Dach zu dienen. Wenn die Marsatmosphäre selbst hundertmal so viel Kohlensäure enthielte wie die der Erde, so machte dies ja immerhin noch nicht den dreißigsten Teil ihres sonstigen Gehaltes aus, und man könnte aus den sonst vom Mars bekannten Zuständen wohl die Erzeugung und Festhaltung solcher Mengen dieses Gases für möglich erklären. Dann aber müßte durch diesen schützenden Kohlensäuremantel die Temperatur auf der Oberfläche jenes Planeten selbst eine höhere als auf der Erde sein, und alle die wechselvollen Vorgänge, die wir auf ihr beobachten, ließen sich durch den Kreislauf des Wasserdampfes zwanglos erklären.

Es läßt sich nun aus theoretischen Betrachtungen, die aus der Erkenntnis der »kinetischen Gastheorie« sich ergeben und besagen, daß die einzelnen Molekeln freier Gase mit sehr großen, für bestimmte Temperaturen berechenbaren Geschwindigkeiten hin und her schwingen, ermitteln, welche Gase von einem Weltkörper von bestimmter Anziehungskraft noch festgehalten werden können, und welche dagegen mit einer so großen Geschwindigkeit aus eigener Kraft die Atmosphäre eines solchen Körpers verlassen, wenn sie sich vorher darin befunden haben sollten. Durch die bekannten Zustände bei uns und auch auf der Sonne hat man eine gute Kontrolle über die Zulässigkeit dieser Theorie auch für die andern Himmelskörper, deren Anziehungskraft wir kennen. Für die Erde ergibt sich zum Beispiel, daß Wasserstoff und Helium in unserer Atmosphäre nicht mehr bestehen können. Die äußerst geringen Spuren, die man davon bei uns findet, sind offenbar Ausdünstungen der festen Erdrinde, die im Begriffe sind, sich sogleich wieder in den Weltraum zu verflüchtigen. Dagegen sehen wir die Atmosphäre der Sonne erfüllt von diesen beiden Gasen, wie es auch der Theorie entspricht. Für den Mars ergibt sich, daß dort die beiden Hauptgase unserer Atmosphäre, Sauerstoff und Stickstoff, in der Tat bestehen können. Für den Wasserdampf kommen gewisse Forscher zu verschiedenen Ergebnissen. Aber Arrhenius hält dessen Vorhandensein in geringen Mengen doch für sehr wahrscheinlich.

Fassen wir alle bisherigen Forschungen zusammen, so müssen wir den Planeten Mars für einen zwar wasserarmen, aber doch dieses Lebenselementes nicht völlig entbehrenden Weltkörper mit einer der unsrigen in der Zusammensetzung nicht unähnlichen, aber viel dünneren Atmosphäre erklären, in der die Wasserzirkulation nicht mehr oder doch nur noch sehr selten in Form von Wolken vor sich geht, so daß wir die wahrgenommenen weißen Niederschläge für eine Art von dünnem Reif halten müssen, der schnell erzeugt und auch ebenso schnell wieder aufgeschmelzt werden kann. Derartige Verhältnisse würden auch auf der Erde eintreten, wenn auf ihr Luft und Wasser entsprechend seltener wären, und dies muß bei fortschreitendem Alter notwendig stattfinden. Wir hätten danach Mars als eine alternde Erde anzusehen, die aber noch immer merkliche Mengen der das Leben unterhaltenden Elemente der Luft und des Wassers besitzt. Unter solchen Gesichtspunkten haben wir unsere Studien dieser Welt fortzusetzen.

In den sogenannten Meeren des Mars machen wir eine Wahrnehmung, die diesen Wassermangel bestätigt. Es unterliegt nämlich keinem Zweifel, daß einige dieser Gebiete nur zeitweilig »überschwemmt« sind. Sie zeigen dann eine besonders dunkle Färbung, während sie zu andern Zeiten ganz ähnliche Einzelheiten, nur schwächer angedeutet, erkennen lassen wie die »Festländer«. *Pickering* und *Lowell* glauben zu diesen Zeiten, die in den Sommer der betreffenden Marsgegend fallen, eine grünliche Färbung sich über diese »amphibischen« Gebiete verbreiten zu sehen, die wir demnach, wie bemerkt, als eine Art von Moorgründen aufzufassen hätten, über welche die Schmelzwasser im Frühjahr hinrieseln, um sie im Sommer zu fruchtbaren Feldern zu machen. Wir hätten danach hier eine Erscheinung, die man mit der Nilüberschwemmung vergleichen könnte. Die Ähnlichkeit tritt noch ganz besonders dadurch hervor, daß die benachbarten Marsfestländer die charakteristische gelbe Färbung der Wüstenländer besitzen, wie dies auch mit der Umgebung des Nils der Fall ist.

Diese Festländer werden nun von jenen viel besprochenen, immer noch rätselhaften, dunkeln Linien durchzogen, die unter dem Namen der *Marskanäle* so verschiedenartig gedeutet worden sind. Es ist nach den Karten der hervorragenden Marsforscher ein wunderbares Netzwerk von Verbindungen zwischen den dunkeln Gebieten, den »Meeren«, die auf dem Mars durch die gelben Gebiete kein zusammenhängendes Weltmeer bilden wie bei uns. Die meisten dieser Linien sind außerordentlich dünn und nur mit letzter Anstrengung unter günstigsten optischen Bedingungen zu sehen. Man kann es deshalb wohl begreifen, daß ihre Existenz vielfach angezweifelt worden ist. Namentlich ein englischer Astronom, *Maunder*, hat hierüber interessante Experimente angestellt, die in der Tat zeigen, wieviel der menschliche Geist in zweifelhaften Fällen zu »ergänzen« sich bemüht, wo es in Wirklichkeit gar nichts zu ergänzen gibt. Der Genannte verfertigte Marsbilder, die nur die unzweifelhaft vorhandenen hellen und dunkeln Stellen seiner Oberfläche enthielten. Diese stellte er vor Schulkindern in einer Entfernung auf, in der sie eben noch diese Flecke sehen konnten, und ließ sie, die keine Ahnung hatten, worum es sich handelte, aufzeichnen, was sie sahen. Und siehe da, eine ganze Reihe dieser Schulkinderzeichnungen enthielt »Marskanäle«, die zum Teil sogar dieselben Verbindungen zwischen den »Meeren« herstellten, wie die von unsern Marsforschern gesehenen. Das war gewiß ein verblüffendes Resultat, mit dem der Engländer die ganze jahrzehntelange Arbeit der gewissenhaftesten Forscher als eitel Trugbilder glaubte aus der wissenschaftlichen Welt blasen zu können. Aber dieses Experiment beweist doch nur, daß solche Illusionen vorliegen *können*, nicht aber *müssen*. Die dunkeln Gebiete greifen vielfach spitz in die hellen ein, da ist es ganz natürlich, daß ein Kind zwischen zwei solchen sich etwa gegenüberliegenden Spitzen eine Verbindung zu sehen glaubt, wie es nicht minder wahrscheinlich ist, daß eben auch die Natur zwischen diesen tiefen Einschnitten eine wirkliche Verbindung hergestellt hat, und daß eben nun jene Schulkinder die zwar auf ihren Vorlagen fortgelassene natürliche Verbindung gewissermaßen fühlten. Eine ganze Reihe von Forschern ist trotzdem der Sache am Fernrohr noch einmal kritisch zu Leibe gegangen. Sie kommen trotz jenen »vernichtenden« Schulkinderzeichnungen zu der Überzeugung, daß viele jener zarten Gebilde ganz zweifellos vorhanden sind, während andere vielleicht auf irgendwelchen Illusionen beruhen können. Es war auch von vornherein höchst unwahrscheinlich, daß der als außerordentlich gewissenhaft und selbstkritisch längst vorher bekannte Mailänder Forscher *Schiaparelli*, durch dessen jahrzehntelange Untersuchungen die erste ausführliche Marskarte geschaffen wurde, sich in so vielen hundert Fällen hätte täuschen lassen können. In neuerer Zeit führt der vielleicht etwas zu weit gehende *Lowell* sogar Photographien von Marskanälen für deren zweifellose Existenz ins Feld. Wir haben solche Aufnahmen schon weiter oben wiedergegeben. Mir will indes dieser Beweis nicht viel gelten. Wären diese Objekte auf den Platten wirklich so deutlich zu sehen gewesen, wie auf den hier vorliegenden Abbildungen, so würden sie allerdings aller Diskussion ein Ende machen. Aber der Autor sagt selbst, daß er die Platten hat »retuschieren« müssen, um die äußersten Feinheiten auf ihnen deutlicher wiedergeben zu können. Da bleibt natürlich dieselbe Möglichkeit jenes »Hineinforschens« vielleicht doch nicht vorhandener Details, wie am Fernrohr direkt. Überblicken wir aber alles Für und Wider, so müssen wir doch überzeugt bleiben, daß eine große Anzahl solcher die Marsmeere verbindenden »Kanäle« wirklich dort vorhanden sind.

Die Frage ist nun, was diese Kanäle in Wirklichkeit sind. Es war ja ihrer Lage nach gewiß das Nächstliegende, sie für wirkliche Wasserverbindungen zwischen jenen sonst isolierten Meeresbecken zu halten. Aber da trat bald die Schwierigkeit ihrer ungeheuern Breite ein. Die allerfeinsten Linien, die man auf dem Mars mit unsern optischen Mitteln noch unterscheiden kann, müssen 30 km breit sein. Gewisse und gerade die am sichersten existierenden haben aber eine mindestens zehnfache Breite. Mag man sie nun für Erzeugnisse intelligenter Wesen oder für Naturprodukte erklären, so fehlen uns alle Vergleichsobjekte, und wir können uns ihre Notwendigkeit oder Nützlichkeit nicht vorstellen. Es können ihrer ganzen Breite nach keine Wasserläufe sein. Da fällt uns aber das Beispiel der Nilniederung wieder ein, die auch eine Breite von durchschnittlich 30 km hat. Wir könnten uns also vorstellen, daß ein uns an sich unsichtbarer Wasserlauf nur zeitweilig mit Wasser gefüllt sei, wodurch erst die sonst als Wüstenei brachliegende Umgebung sich mit dunkler Vegetation überzieht, wie es eben auch beim Nil der Fall ist. Nun nimmt man diese allmähliche Ausbreitung der »Kanäle« wirklich wahr. Schiaparelli hatte schon vermutet, daß sie sich bei ihrem ersten Auftreten aus einzelnen, gesondert erscheinenden Stellen zusammenfügen. Sie verschwinden, wenigstens zum größeren Teile, zur wasserarmen Winterzeit und sind im Frühling und Sommer, zur Zeit der Schneeschmelze oder etwas nach ihr, am dunkelsten. Ist die Welt des Mars mit der unserer Erde also überhaupt vergleichbar, und sind unsere Wahrnehmungen auf dieser Welt reell, so ist in der Tat der Vergleich mit Erscheinungen, wie wir sie bei den Nilüberschwemmungen kennen, als der allein alle bisher vorliegenden Beobachtungstatsachen vereinbarende gegeben.

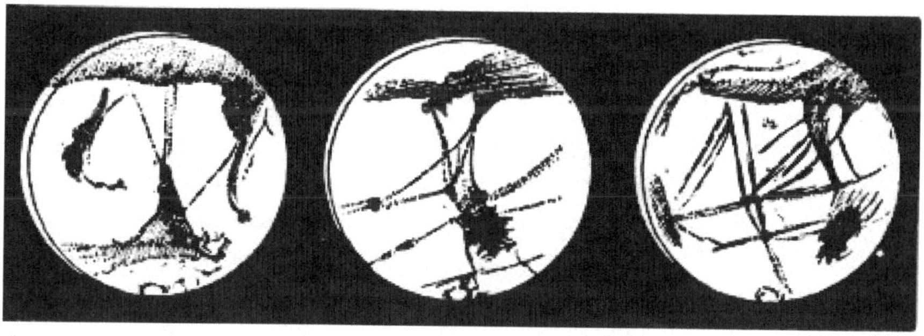

Abb. 15. Doppelte Marskanäle.

Eine andere Frage ist, ob man diese Gebilde als natürliche oder künstliche aufzufassen hat. Wir wollen diese Frage hier nur streifen. Die Anordnung dieser »Kanäle«, wie wir sie der Einfachheit weiter bezeichnen wollen, erscheint auf den Marskarten als eine derart im menschlichen Sinne zweckentsprechende, den Anforderungen eines ausgedehnten Verkehrs über die Kontinente hinweg von Meer zu Meer angepaßte, daß man wohl intelligente Wesen als ihre Urheber annehmen durfte. Die Naturkräfte allein, ohne die Führung einer vordenkenden Intelligenz, konnten solch ein geradezu raffiniert angelegtes Netzwerk von Verbindungen nicht geschaffen haben. Dazu kam noch eine ganz wunderbare Erscheinung, nämlich die der zeitweiligen *Verdoppelung der Kanäle*, die Schiaparelli zuerst gesehen hatte, und die dann später nur noch wenige andere wahrgenommen zu haben glauben. Zu gewissen Zeiten, immer wieder, wenn der Wasserreichtum in der betreffenden Gegend am größten war, erschienen statt einem zwei dicht nebeneinander herlaufende Kanäle, der zweite Parallelkanal meist etwas später als der erste, ursprüngliche. Man hätte also annehmen können, daß hier in Fällen des Überflusses so etwas wie Schleusen geöffnet worden wären, um auch diese Reservekanäle noch zu speisen. Aber wir wollen zugeben, daß über diese geheimnisvolle Verdoppelung die Beobachtungsakten noch recht dürftig und zweifelhaft geblieben sind. Schiaparelli hat zwar die Erscheinung mit Sicherheit gesehen, aber es ist später gezeigt worden, daß eine sehr dünne Linie an der Grenze der Wahrnehmung durch optische und physiologische Täuschungen doppelt erscheinen kann. Wir dürfen also diese Verdoppelung noch nicht als Tatsache anerkennen und daran weitere Schlüsse knüpfen. Was sodann die zweckmäßige Anordnung des Kanalnetzes selbst betrifft, so hat man auch darüber Zweifel erhoben. Ein italienischer Astronom hat das jedenfalls lehrreiche Experiment gemacht, den Mond durch ein so schwach vergrößerndes Glas zu betrachten, daß er dadurch uns nur etwa so weit genähert wird, wie Mars in unseren besten Fernrohren. Dabei zeigten manche Oberflächeneinzelheiten des doch gewiß nicht von intelligenten Wesen umgestalteten Mondes ganz erstaunliche Ähnlichkeiten mit den auf dem Mars beobachteten. Die starren Mareebenen des Mondes wurden zu Marsmeeren, die helleren, gebirgigen Gegenden zu Marsfestländern, und bestimmte Reihen von schattenwerfenden Kratern vereinigten sich scheinbar zu Liniensystemen von einer gewissen Ordnung und Regelmäßigkeit. Dagegen läßt sich folgendes geltendmachen. Wenn man den Mond noch so lange in der beschriebenen Weise beobachten würde, so entdeckte man doch auf ihm niemals Veränderungen der Schattierungen und der Einzelheiten, wie sie die Marsbeobachter konstatieren. Stellen wir uns deshalb selbst auf den allerkritischsten Standpunkt, so bleibt doch zum mindesten die Überzeugung zurück, daß der Mars als Weltkörper noch lebt, wenn auch seine Lebensbedingungen im Vergleich zu den irdischen vermindert sind.

Das Bild, das wir von unserer Nachbarwelt bisher entwerfen können, zeigt uns wenig tiefe, häufig von Überschwemmungen überflutete Niederungen und Wüstengebiete, die ihrerseits nicht sehr hoch emporragen können, da sich hohe Gebirgszüge deutlich verraten haben müßten. Die Arbeit der abtragenden Erosion, die bei uns die Gebirge ins Meer trägt, Festländer und Meere zugleich verflachend, ist also, wie es scheint, auf dem Mars bereits viel weiter vorgeschritten als bei uns, und wir dürfen also auch deshalb Mars als eine alternde Welt bezeichnen.

Aber völlig sind die Unebenheiten noch nicht ausgeglichen. Wir haben davon schon Andeutungen in dem zeitweilig weiß gesprenkelten Aussehen gewisser Gegenden erkannt. Ferner sieht man gelegentlich an ganz bestimmten Stellen des »*Terminators*« der nicht vollbeleuchteten Marsscheibe, das heißt an ihrer Lichtgrenze, Hervorragungen, die nur als die Schattenwürfe ziemlich langer, aber nicht sehr hoher Erhebungen der Oberfläche gedeutet werden können. In einem dieser Fälle konnte man auf Hochflächen von etwa 140 km Ausdehnung und einer Durchschnittshöhe über dem allgemeinen Niveau von etwa 3000 m schließen. Solchen Ausbuchtungen stehen auch Einbiegungen gegenüber, die dann Niederungen voraussetzen Auch diese sind nicht sehr bedeutend.

Jene sich leuchtend in die Nachtseite des Planeten schiebenden Hervorragungen sind seinerzeit von phantasiereichen Leuten für Lichtsignale gehalten worden, die uns von den Bewohnern des Mars zugesandt wurden. Wir wissen sie heute einfacher und natürlicher zu deuten. Aber die Überzeugung, daß dort wirklich solche Wesen wohnen und mit ihren Erdenbrüdern in Verbindung zu treten wünschen, hat sich vielfach erhalten. Es sind hohe Preise für die Beschaffung der technischen Mittel zu einer Verbindung mit unserer Nachbarwelt ausgestellt.

Mars wird von zwei *Monden* umkreist, die sehr klein sind und erst am 11. und 17. August 1877 von Asaph *Hall* in Washington mit dem damals stärksten Fernrohr entdeckt wurden. Man nannte sie *Deimos* und *Phobos*, Furcht und Schrecken, wie die Begleiter des Kriegsgottes Mars. Sie sind ganz winzige Lichtpünktchen, zu deren Erkennung auch heute noch die besten Instrumente gehören. Ihre beständige große Nähe bei der leuchtenden Marsscheibe erhöht noch die Schwierigkeit ihrer Beobachtung. Aus dem Vergleich ihrer Helligkeit mit der der Marsscheibe selbst kann man auf ihre wahren Durchmesser schließen und findet sie zu 9,5 und 8 km. Deimos, der entfernteste, ist der kleinere. Es sind also wahre Spielbälle von Himmelskörpern, und sie gehören zu den kleinsten in unserer Kenntnis überhaupt.

Die Entfernung der beiden Körper vom Mittelpunkt des Mars beträgt nur 9400 und 29 600 km. Von der Oberfläche des Planeten ist deshalb der nächste nur noch etwa 6000 km entfernt, und der Weg bis zu ihrer Nachbarwelt ist also für die etwaigen Marsbewohner nicht größer wie für uns eine Reise nach Amerika. Diese große Nähe bedingt nach dem Keplerschen Gesetze eine sehr große Umlaufsgeschwindigkeit dieses Mondes, der bereits in 7 Stunden und 40 Minuten seinen Planeten einmal völlig umkreist hat. Ein Punkt des Marsäquators gebraucht dazu, wie wir schon wissen, 24 Stunden 37 Minuten. Phobos holt also diesen Umschwung in einem Marstage mehr als zweimal ein. Dadurch entsteht die für den Himmel dieser andern Welt höchst merkwürdige Erscheinung, daß dieser Mond für die Marsbeobachter in umgekehrter Ordnung über die Fixsterndecke wandert, wie alle andern Gestirne, also von Westen nach Osten, und zwar zweimal im Westen auf- und im Osten untergeht. In derselben Zeit, des Tages zweimal, wechselt auch der quecksilberige Trabant seine Phasen. Man könnte aus seiner Gestalt an dem immer heitern Himmel des Mars die Tagesstunden ablesen. Diese Tatsache, daß hier ein Körper vorliegt, der seinen Umschwung in viel kürzerer Zeit vollendet, als sein »Mutterplanet« sich um seine eigene Achse dreht, gab der Ansicht, daß sich die Himmelskörper unseres Systems als Ringe von ihren Zentralkörpern abgelöst haben sollten, einen starken Stoß, und man hat aus noch anderen Gründen diese *Laplacesche Weltbildungshypothese* in der Tat gänzlich fallen lassen müssen.

Der zweite Marstrabant Deimos ist das gerade Gegenspiel zu dem ersten, was seine scheinbaren Bewegungen am Marshimmel betrifft. Er vollendet seinen Umlauf in etwa 30 Stunden, braucht dazu also nicht viel mehr als einen Marstag. Das bedeutet, daß er eine ganze Weile über einer bestimmten Marsgegend stehenbleibt und in bezug auf den Horizont nur ganz langsam von Osten nach Westen fortschreitet, während die Sterne hinter ihm ihre scheinbare tägliche Bewegung ausführen. Deimos geht also mehrere Tage lang über einer bestimmten Gegend überhaupt nicht unter, zeigt aber, nahezu an derselben Stelle des Himmels stehenbleibend, dennoch täglich den Phasenwechsel, der der veränderten Stellung der Sonne zu ihm in ihrem Tageslaufe entspricht. Alle diese Erscheinungen können wir geometrisch ebenso sicher feststellen und für eine beliebige Zeit für einen Punkt der Marsoberfläche vorausberechnen, wie die täglichen Erscheinungen unseres irdischen Himmels.

Der nächste große Planet jenseits des Mars ist der Jupiter, der in einem Abstande von mehr als 5 Einheiten des Sonnensystems umkreist gegen 1½ beim Mars. Diese große Lücke zwischen den beiden Planeten war um so auffälliger, als man eine gewisse merkwürdige, zwar ursächlich noch nicht erklärte Regel in den Abständen aller Planeten herausgefunden hatte, von der wir schon Seite 13 sprachen. Wir sahen dort, wie die Abweichungen dieser Bode-Titiusschen Regel von der Wahrheit, mit Ausnahme der für Neptun gefundenen Entfernung, merkwürdig gering sind, daß aber für die Zahl 8 in der angeführten Reihe der zugehörige Planet überhaupt fehlt. Ein mit bloßem Auge sichtbarer Planet war hier sicher nicht vorhanden, und auch mit den optischen Mitteln, die bis zum Ende des achtzehnten Jahrhunderts zur Verfügung standen, ließ sich die Lücke nicht ausfüllen. Aber gerade an der Jahrhundertwende, am 1. Januar 1801, fand *Piazzi* in Palermo ein an der Grenze der Sichtbarkeit mit dem bloßen Auge gelegenes Sternchen 6. Größe, das seinen Ort am Himmel beständig veränderte, also notwendig ein Angehöriger unseres Sonnensystems sein mußte, weil alle übrigen Sterne, wenigstens in so kurzen Zeiträumen, unveränderlich am Himmel stehenbleiben. Daß es sich aber um einen Planeten handeln könne, der jene empfindliche Lücke ausfüllte, daran dachte man zunächst doch noch nicht. Es war vielleicht einer von den Kometen des Sonnensystems, die alle erdenklichen Formen annehmen und darum auch wohl als ungeschweifte Sterne erscheinen können. Erst als der junge *Gauß* in Braunschweig nach einer von ihm erdachten Methode die Bahn des Neulings um die Sonne berechnet hatte, zeigte es sich, daß diese Bahn gerade in der Lücke zwischen Mars und Jupiter lag, die die oben angegebene Regel bei 2,8 der Sonnenentfernung angab. Die mittlere Entfernung des neuen Planeten fand sich zu 2,77. Die Bahn ist einem Kreise ähnlicher wie die Bahnen von Merkur und Mars, zeigt also in dieser Hinsicht durchaus planetarischen Charakter, aber die Abweichung der Bahnlage von der Ekliptik, um die sich, wie schon oben (S. 18) dargestellt, alle Bahnen der großen Planeten in einer flachen Linse ordnen, war größer als bei Merkur, der mit 7° Neigungswinkel seiner Bahn von den großen Planeten am meisten von der Ebene der Erdbahn abweicht. Der neue Planet kann sich bis zu etwa 10½° über diese Fundamentalebene erheben. Man gab ihm den Namen *Ceres*. Nicht viel mehr als ein Jahr nach dieser epochemachenden Entdeckung fand – wieder zufällig – *Olbers*, ein Arzt in Bremen, der, ursprünglich nur Liebhaber der Sternkunde, doch sowohl als Beobachter wie namentlich auch als Rechner und

Theoretiker einen bedeutenden Namen unter den Astronomen seiner Zeit gewann, am 28. März 1802 einen zweiten kleinen Planeten in dieser Lücke, der *Pallas* genannt wurde. Auch sein Sonnenabstand ist gleich 2,77, aber seine Bahn erwies sich sowohl stark von einem Kreise wie von der Ekliptik abweichend. Die Exzentrizität beträgt 0,24 und die Neigung nicht weniger als 35°. Pallas ist noch etwas lichtschwächer wie Ceres. Zwei weitere ähnliche Körper wurden dann noch 1804 von *Harding* und 1807 wieder von *Olbers* in derselben Lücke gefunden und *Juno* und *Vesta* getauft. Juno ist noch etwas kleiner als die beiden vorher entdeckten, Vesta dagegen tritt zuweilen an die Grenze der Sichtbarkeit mit dem freien Auge.

Erst nach 38jähriger Zwischenzeit seit der Entdeckung der Vesta ist, wieder durch einen Liebhaber der Sternkunde, *Hencke* in Driesen, ein äußerst kleines, bewegliches Sternchen gefunden worden, das sich gleichfalls als ein in diese Lücke gehöriger kleiner Planet erwies. Dieser fünfte *Planetoid*, wie man die Glieder dieser Gruppe nunmehr unterbenannte, war nur 10. Größe; man gab ihm den Namen *Asträa*. Nachdem dann derselbe Hencke zwei Jahre später noch einen sechsten Planetoiden, *Hebe*, entdeckt hatte, ging es nun an eine allgemeine »Planetenjagd«, deren Erfolge bald alle Erwartungen überstiegen, so daß man wegen der Überfülle von Entdeckungen auf diesem Gebiete bald von einer »Kleinen Planetenplage« zu sprechen begann. Bis 1850 waren zu den vier anfangs des Jahrhunderts entdeckten zunächst nur noch 9 neue hinzugekommen; dann wurden bis 1870 jährlich etwa fünf hinzuentdeckt. Von dieser Zeit an begann die Photographie sich in den Dienst der Astronomie zu stellen, und mit ihrer Hilfe mehrten sich nun die Planetenentdeckungen in wirklich beängstigender Weise. In den fünf Jahren von 1891 bis 1895 wurden beispielsweise nicht weniger als 107 davon neu entdeckt. Heute kennt man mehr als sechshundert. Es hat wenig Sinn, die genaue Zahl der in unserer Kenntnis zu einer bestimmten Zeit vorhandenen genauer anzugeben, weil man diese Zahl mit völliger Gewißheit überhaupt nicht mehr zu ermitteln vermag. Es ist zu schwer geworden, die zunächst als neu hinzugekommenen wirklich als solche festzustellen. Sie unterscheiden sich ja äußerlich nicht von längst bekannten. Nur eine für alle durchgeführte Rechnung kann die Frage entscheiden, ob an dem Orte, wo der Neuling gefunden wurde, nicht zu der betreffenden Zeit ein bekannter Planet stehen mußte. Diese Rechnungen, also die Bahnbestimmung der neu entdeckten und die dauernde Vorausberechnung der wechselnden Orte der bekannten Planetoiden, hatte das Rechenbureau der Berliner Sternwarte übernommen, es konnte aber schließlich der Riesenaufgabe nicht mehr gerecht werden und ließ deshalb von 1890 ab nur noch die *Ephemeriden*, das heißt die scheinbaren Orte, von einer Auswahl erscheinen, von den andern dagegen nur Angaben über ihre günstige Beobachtungszeit (Opposition) sowie über ihren Ort und ihre Bewegung zu dieser Zeit. Es war nun viel schwieriger geworden, einen aufgefundenen Planeten als einen wirklich neuen zu erkennen, und der ziemlich wohlfeil gewordene Ruhm, einen solchen herauszufinden, der vordem den Namen des Entdeckers durch alle Zeitungen trug, verminderte sich noch weiter. Die Folge war eine wesentliche Verminderung der Zahl der Entdeckungen selbst. Die Befürchtung, daß dadurch wichtige Aufschlüsse von allgemeinem Interesse auf diesem Gebiete nicht erfolgen könnten, hat sich durch diese Einschränkung glücklicherweise nicht bestätigt. Den Rechnern bleibt mehr Muße, sich mit besonderen Fragen eifriger zu befassen, die einzelne Individuen in diesem wahren Ameisengewimmel von Weltkörpern im Duodezformat stellen.

Es mag hier inzwischen noch interessieren zu erfahren, wie man einstmals diese »*Planetenjagd*« betrieb, und wie man heute unter all den vielen Millionen von andern Sternen selbst die kleinsten Planeten auf der photographischen Platte herausfindet.

Wie schon oben gesagt, unterscheiden sich diese Körper von den Fixsternen nur durch ihre Bewegung. Nur bei den vier größten hat man in den stärksten Fernrohren erkannt, daß sie kleine Scheibchen besitzen, und hat ihre Durchmesser zu bestimmen versucht. Alle andern sind durchmesserlose Lichtpunkte, die sich zunächst im Fernrohr von jener Unzahl von kleinen Fixsternen nicht unterscheiden. Diese kleineren Fixsterne sind nur zum geringen Teil derart in Karten festgehalten, daß es möglich wäre, durch eine Vergleichung dieser Karten mit dem Himmel ein neu hinzugekommenes Objekt zu erkennen. Eine fortgesetzte Mappierung des Himmels konnte deshalb wohl in der ersten Zeit der Planetenentdeckung, wo noch hellere unter diesen Körpern aufzufinden waren, wertvolle Hilfe leisten. Später aber mußten die Planetenjäger für ihre Zwecke die vorhandenen Karten durch Eintragung der in ihrem Fernrohre noch mehr gesehenen Sterne vervollständigen, was, wie man leicht versteht, eine recht mühsame Arbeit war, um dann diese so hergestellte Karte eines kleinen Teiles des Himmels nach einiger Zeit, meist schon nach wenigen Stunden, abermals mit dem Himmel, Sternchen für Sternchen, zu vergleichen. Dann konnte man gelegentlich das Glück haben, einen unter ihnen herauszufinden, der in der Zwischenzeit seinen Ort unter den anderen geändert hatte. Dieser Ort wird nun durch genauere Messungen festgelegt, und man kann dann am nächsten Tage durch Vergleichung mit den Ephemeriden der bekannten Planeten feststellen, ob man wirklich eine neue Entdeckung gemacht hatte. Da die meisten dieser Weltkörperchen sich in der Nähe der Ekliptik aufhielten, so suchte man auch nur in ihrer Nähe nach ihnen, und es entstanden die sogenannten »*Ekliptikal-Karten*«, die namentlich von *Palisa* in Wien, der allein 83 kleine Planeten entdeckte, hergestellt wurden und in ihrer Sternfülle die vorhandenen Karten des übrigen Himmels weit übertrafen.

Aber all diese Arbeit zur Auffindung eines beweglichen Sternes unter den festen Himmelskörpern wurde durch die *Photographie* plötzlich zu einer rein mechanischen, die in einer halben Stunde erledigt werden konnte, und zwar von jedem, der nur über die nötige instrumentelle Ausrüstung verfügte. Es ist wohl bekannt, daß man heute imstande ist, eine Stelle des Himmels stundenlang der lichtempfindlichen Platte auszusetzen, indem man das photographische Fernrohr der scheinbaren täglichen Bewegung nachführt. Dadurch zeichnen sich schließlich so feine Lichtpünktchen auf, wie man sie im Fernrohr selbst gar nicht mehr zu erkennen vermag. Befindet sich nun an der aufgenommenen Stelle unter den festen Sternen ein bewegliches, so wird dieses in der Zeit, die zur Belichtung erforderlich war, einen Weg beschrieben haben, und es unterscheidet sich also sofort von den Tausenden von Lichtpunkten auf der Platte durch einen feinen Strich, den der Planet darauf erzeugt hat. Die ganze Arbeit besteht also nur noch in der Belichtung, der Entwicklung der Platte und endlich in ihrer Durchsuchung in einem geeigneten Apparate. Häufig genug findet man mehrere Striche auf einer solchen Platte, und es läßt sich, wie ich schon sagte, heute erst nach sorgfältiger Prüfung entscheiden, ob sich ein wirklich bisher noch nicht gesehener Planet darunter befindet. Auf diese Art hat *Wolf* in Heidelberg mit seinen dortigen Schülern bereits mehr als hundert kleine Planeten entdeckt. In Abb. 16 ist eine solche Himmelsaufnahme mit einem Planetenstrich abgebildet.

Abb. 16. Photographische Aufnahme eines kleinen Planeten (Eros).

Es war selbstverständlich nicht leicht, in diesem Gewimmel Gesetz und Regel zu erkennen und uns über das Wesen, die Eigentümlichkeiten und die Bedeutung dieser Kleinbürger im Sonnenreiche einigen Aufschluß zu verschaffen. Wir können hier davon nur ein allgemeines Charakterbild geben.

Was zunächst ihre wirkliche Größe anbetrifft, so kann man sich davon wenigstens eine Vorstellung machen, wenn man annimmt, ihre Oberflächen strahlten das Sonnenlicht ebenso stark zurück wie irgendein dafür ausgewählter Planet von bekannter Oberfläche, wenn man also eine bestimmte »Albedo« für sie voraussetzt. Nimmt man zum Vergleich die Albedo von Mars, so ergibt sich der Durchmesser der Vesta mit etwa 400 km als der größte; Ceres wird ungefähr ebenso groß, Pallas dagegen nur zu 300 km gefunden. Die direkten Messungen, von denen schon weiter oben die Rede war, weichen hiervon aber zum Teil recht bedeutend ab, *Barnard* fand danach Ceres bedeutend größer als Vesta, 770 gegen 380 km, woraus folgen würde, daß Vesta das Licht viel stärker reflektiert als Ceres, letztere etwa so wie der wahrscheinlich atmosphärenlose Merkur, Vesta dagegen wie der beständig mit undurchdringlichen Wolken überlagerte Jupiter. Man muß jedoch bedenken, daß die direkten Messungen wegen der zu geringen Größe der zu messenden Scheibe noch sehr unsicher bleiben. Die kleinsten unter den in neuerer Zeit entdeckten Planeten werden kaum mehr als 5 km im Durchmesser haben. Selbst der größte unter den Planetoiden ist immer noch mindestens 17mal im Durchmesser kleiner als unsere Erde. Die Oberfläche dieser ganzen Welt könnte das Deutsche Reich ohne seine Schutzgebiete etwa viermal tragen, während die letzteren allein auf diesem Planeten schon nicht mehr Platz genug hätten. Ein so kleines Ländchen aber, wie es auf dem kleinsten dieser Weltkörper Platz hätte, gibt es überhaupt nicht auf der Erde, denn er faßt nur noch etwa 80 qkm; höchstens könnte sich noch eine größere Stadt auf ihm einrichten. Es ist aber gar kein Grund vorhanden, weshalb in diesem Gürtel nicht noch viel kleinere Welten um die Sonne kreisen sollten, die wir nicht mehr mit unsern Fernrohren erreichen können. Man hat geschätzt, daß selbst noch mit den uns gegenwärtig zur Verfügung stehenden optischen Mitteln an 5000 gefunden werden könnten, wenn wir sie voll ausnützen, wovor der Himmel die Rechner bewahren möge. Ihre wirkliche Zahl aber mag sich nach Hunderttausenden bemessen.

Macht man, wieder nur um einen ungefähren Überschlag zu erhalten, die Annahme, die Massen dieser Körperchen hätten die durchschnittliche Dichtigkeit der größeren Planeten, so kann man etwas über die Gesamtmasse erfahren, welche höchstens alle diese Körper zusammengenommen besitzen würden, wenn man sie zu nur einem zusammenschmelzte. Nimmt man hierfür die photometrischen Messungen als Grundlage, so kommt für alle bekannten Planetoiden ein Körper heraus, der im Durchmesser etwa 20mal kleiner ist als die Erde. Aber selbst bei den größtmöglichen Annahmen, auch über die unserer Kenntnis noch nicht erschlossenen Planetoiden, kann man sicher voraussetzen, daß sich in diesem Ringe zwischen Mars und Jupiter nicht mehr Masse befindet, als etwa der kleinste unter den anderen Planeten, Merkur, besitzt. Sie spielen also in dem Organismus des Sonnensystems selbst in ihrer Vereinigung nur eine untergeordnete Rolle.

Gleich nach der Entdeckung der ersten dieser Körper hat man sich gefragt, ob sie nicht Teile eines größeren Planeten sein könnten, der hier einmal zu Urzeiten wie die andern gebildet worden war und durch irgendeine Katastrophe zertrümmert worden sei. Namentlich *Olbers* vertrat diese Ansicht. Hatten die Körper dann auch bei ihrer Zersplitterung sämtlich verschiedene Bahnen erhalten, so mußten sich diese doch offenbar in dem Punkte, wo die Katastrophe stattgefunden hatte, kreuzen, wenn sie nicht etwa durch spätere Einflüsse ihre Lage wieder erheblich verändert hatten. Dies letztere mußte nun freilich unbedingt für die meisten unter ihnen angenommen werden, weil in diesem Gewimmel von Körpern gegenseitige Störungen ihrer Bewegung unvermeidlich sind. Immerhin haben einschlägige Untersuchungen für einige Gruppen von kleinen Planeten die Möglichkeit eines gemeinsamen Ursprungs bestehen lassen, aber die Wahrscheinlichkeit ist nicht groß. Es ist nach den heutigen Ansichten über die Entstehung des Sonnensystems und der übrigen Welten, die ich in einem Kosmosbändchen (»Weltschöpfung«) entwickelt habe, im Gegenteil anzunehmen, daß der ursprüngliche Zustand der Materie, aus der sich später die Planeten bildeten, der einer Zerstreuung über einen zuerst nur spiralig gewundenen Ring war, und daß gerade der Olbersschen Hypothese entgegengesetzt anzunehmen ist, daß sich von dieser Schar von kleinen Körpern noch gelegentlich einige zu größeren Körpern vereinigten. Wir hätten danach keinen bereits wieder zerstörten, sondern einen noch nicht geschaffenen Planeten von der Ordnung der größeren vor uns, dessen Entwicklung nur durch den beständig störend in die Bewegung dieser Wolke von Weltkörperchen eingreifenden großen Jupiter zurückgehalten worden ist. Dies sind natürlich alles nur Hypothesen, für die die größere oder geringere Wahrscheinlichkeit noch abzuwägen ist.

Sehr interessant ist es, die Verteilung der Körper in diesem Raume zwischen Mars und Jupiter etwas näher ins Auge zu fassen. Zunächst zeigt es sich, daß bei weitem die meisten sich gerade in dem Gebiete befinden, wo nach dem obenangeführten »Gesetz« ein einzelner Planet hätte stehen müssen, also in der mittleren Entfernung von 2,8. Hier, zwischen 2,6 und 3,0, befinden sich von 463 bis 1900 näher bekannt gewordenen Bahnen 240, also mehr als die Hälfte, 106 zwischen 2,1 und 2,5 und 109 zwischen 3,1 und 3,5. Näher dem Mars und anderseits dem Jupiter werden die Bahnen plötzlich viel seltener. Zwischen 1,5 und 2,0 kannte man bis 1900 nur noch zwei, zwischen 3,5 und 4,0 fünf kleine Planeten. Man konnte also wohl von einem Ringe sprechen, der zwischen die beiden nächsten, größeren Planeten eingeschoben war. Wir haben es mit einem Gegenstück zum Saturnringe zu tun. Auch die eigentümlichen Lücken, die man in diesem Ringe direkt beobachtet, sind in dem »Asteroidenringe« zu erkennen; sie finden sich immer dort, wo die Umlaufszeiten der hier fehlenden Körper in einem durch einfache Zahlen ausdrückbaren Verhältnisse zu der des Jupiter stehen würden, also etwa gleich ½, ⅓, ⅖ usw., oder, wie man sich ausdrückt, wenn die Umlaufszeiten »kommensurabel« wären. Man hat gefunden, daß sich dann die Einwirkungen des großen Jupiter auf die Umlaufszeit des kleinen Planeten derart summieren müßten, daß er, wenn nicht für immer, so doch für lange Zeit aus dieser Bahnlage gewiesen würde.

Aber ebenso wie die Saturnringe wenigstens nach innen keine feste Abgrenzung zeigen, sondern sich an den innern hellen Ring noch ein mattschimmernder Schleierring legt, wo sich die ihn ebenso wie den Ring der Asteroiden bildenden Einzelkörper offenbar in viel geringerer Zahl befinden, hat man auch in neuerer Zeit wenigstens einige kleine Planeten gefunden, die entweder wegen der starken Exzentrizität oder auch wegen ihrer mittleren Entfernung selbst die von der überwiegenden Mehrzahl der übrigen gesteckten Grenzen des Ringes weit überschreiten, und zwar sowohl nach der Seite des Mars wie der des Jupiter hin. Diese »Ausreißer« erwecken unser besonderes Interesse.

Unter ihnen ist der kleine Planet *Eros* die bei weitem wertvollste Bereicherung auf diesem Gebiete geworden. Eros wurde von dem damaligen Vorstand der Urania-Sternwarte in Berlin, Herrn Gustav *Witt*, am 13. August 1898 auf photographischem Wege entdeckt. Der besonders lange Strich, den der Körper auf der Platte zurückgelassen hatte (Seite 65 abgebildet), zeigte sofort an, daß er sich uns ungewöhnlich nahe befinden müßte, da er nur deswegen eine so große Bewegung besitzen konnte. In der Tat ergab schon die erste Bahnrechnung, die sich später vollkommen bestätigte, daß hier das einzig dastehende Beispiel einer Bahn vorliegt, die sich zum größten Teil noch innerhalb der Marsbahn befindet, so daß der kleine Planet uns meist näher steht als Mars, ja, uns infolge der großen Exzentrizität seiner Bahn näher kommen kann als irgendein anderer permanenter Körper unseres Systems, der Mond ausgenommen. Venus, auf der andern Seite, kann uns bis auf 0,28 Sonnenentfernungen nahekommen. Eros aber im günstigen Falle bis auf den 0,15ten Teil dieses Grundmaßes, also fast auf die Hälfte. Dies verschafft den Astronomen einen bisher nicht erreichbaren Vorteil für die Ausmessung jener Fundamentalgröße der Sonnenentfernung selbst, die am genauesten an einer möglichst kleinen Strecke zu bestimmen ist. Unser Mond, der im Bewegungsmechanismus des Systems als mit der Erde fest verbunden zu denken ist, kommt hierfür nicht in Betracht. Man versteht nun, daß Eros nur dann in diese günstige Lage zu uns gelangen kann, wenn er in seiner elliptischen Bahn zu einer Zeit in seine größte Annäherung zur Sonne, also auch zur Erdbahn tritt, zu der zugleich auch die Erde selbst sich gerade zwischen der Sonne und jenem Planeten befindet, er also seine »Opposition« hat. Die Stelle, in der Eros durch seine größte Sonnennähe geht, also die Richtung seines Perihels, liegt, von der Sonne gesehen, dort, wo die Erde alljährlich am 20. Januar steht. Es muß also eine Opposition des Eros in der Nähe dieses Datums liegen, damit jene günstige Annäherung stattfindet. Einigermaßen günstige Oppositionen ereignen sich immer nach vier Umläufen des Eros, von denen jeder 643 Tage dauert, das macht für vier Umläufe 7 Jahre und 16 Tage. Leidlich günstige Oppositionen fanden 1900 und 1907 statt, besonders günstige werden sich 1931 und 1938 ereignen. Dabei kann Eros vielleicht sogar mit bloßem Auge sichtbar werden. In mittlerer Entfernung ist er 9,7. Größe, was einem wahren Durchmesser von 16 km entsprechen würde.

Schon für die Opposition von 1900 bis 1901 hatten sich 180 über die ganze Erde verteilte Sternwarten vereinigt, um nach einem durch eine internationale Kommission festgelegten Plane durch Beobachtungen des Eros die Sonnenparallaxe neu zu bestimmen. Es wurden 2000 direkte und 11 000 photographische Beobachtungen gesammelt und auf dem dafür eigens in Paris organisierten Bureau bearbeitet. Die Sonnenentfernung ergab sich dabei zu 149 471 000 km, mit einer noch bleibenden Unsicherheit von kaum $^{1}/_{1600}$ des Wertes selbst. Der Wert dieser astronomischen Fundamentengröße wurde dadurch mit dem bisher dafür angenommenen in nahe Übereinstimmung gefunden, und die Genauigkeit, mit der man sich dadurch der stets unerreichbaren Wahrheit weiter näherte, um mindestens das Zehnfache gesteigert.

Man hat sich gefragt, wie es kommt, daß ein Objekt, das zeitweise so lichtstark werden kann, so lange der doch so eifrigen Suche nach kleinen Planeten entgangen ist. In dieser Hinsicht ist zunächst zu erwähnen, daß die Zeit solcher günstigen Sichtbarkeit doch nur eine verhältnismäßig kurze ist. Dazu kommt noch, daß Eros sich meist recht weit von der Ekliptik entfernt aufhält, in deren Umgebung man bisher nur nach Planeten gesucht hatte. Dieser extravagante Körper aber entfernt sich gerade zur Zeit seiner größten Helligkeit oft beträchtlich weiter von der Ekliptik, wo er sich dann unter dem Gewimmel der übrigen Sterne völlig verlor, wenn nicht ganz zufällig einmal aus ganz anderer Absicht gerade dort eine Daueraufnahme gemacht wurde. Dies ist nun in der Tat dreimal vor der Entdeckung, 1893, 1894 und 1896, auf der Harvard-Sternwarte in Nordamerika geschehen, wie man nachträglich auf den betreffenden Platten konstatieren konnte. Immerhin war dies nur ein Zufall, und es blieb durchaus wahrscheinlich, daß der interessante Himmelskörper der Aufmerksamkeit der Astronomen entging, während er doch stets in dieser ungewöhnlichen Bahn einhergegangen war. Aber andererseits könnte es auch wohl möglich sein, daß er auf irgendeine

Weise erst kürzlich in diese ungewöhnliche Bahn gedrängt worden war. In dem Gewimmel jenes Asteroidenringes kann es leicht einmal vorkommen, daß zwei von den Körpern so nahe aneinandergeraten, daß der stärkere den schwächeren völlig aus seiner Bahn schleudert, ja, es konnte vielleicht gar einmal zu einem wirklichen Zusammenstoß gekommen sein. Eine eigentümliche Wahrnehmung an Eros sprach für diese Möglichkeit. Bald nach seiner Entdeckung zeigte er nämlich auffällige *Lichtschwankungen*, die sich innerhalb merkwürdig wechselnder Perioden wiederholten. Innerhalb einer Zeit von 5 Stunden und 17 Minuten schwankte das Licht des seltsamen Körpers zweimal auf und ab, und zwar in ungleichen, sich aber regelmäßig wiederholenden Zwischenräumen. Diese Erscheinung war kaum anders zu erklären, als daß der Körper sich in dieser Zeit um eine Achse drehte und uns dabei sehr verschieden helle Oberflächenteile zukehrte. Man hätte selbst vermuten können, Eros bestände aus mehreren, umeinander laufenden »Weltsplittern«. Diese Lichtschwankungen haben aber später gänzlich aufgehört, wodurch sie uns ein neues Rätsel aufgeben. Man könnte etwa annehmen, es sei dem Körper kurz zuvor etwas zugestoßen, das ihn zersplitterte, und es seien erst allmählich wieder geordnetere Verhältnisse eingetreten. Wir hätten dann hier eine jener »Weltkatastrophen« vor Augen, von denen ich in meinem Kosmosbändchen »*Vom Weltuntergange*« ausführlicher geredet habe. Hierfür spricht auch eine Untersuchung von *Hinks*, der fand, daß der Ort des Eros am Himmel während der Opposition von 1900 bis 1901 innerhalb der Zeit einer halben Lichtschwankung des kleinen Planeten, also 2¾ Stunden, um 8 km um einen Mittelwert schwankte, das ist ungefähr die Hälfte des eigenen Durchmessers Hier wäre also durch die direkte Messung eine Umschwungsbewegung nachgewiesen. Aber wir müssen über Eros noch mehr Erfahrungen sammeln, ehe wir über seine Herkunft und sein Wesen etwas mehr Sicherheit gewinnen.

Diese Lichtschwankungen, die man auch noch an einigen andern kleinen Planeten, wenn auch nicht in so auffälliger und eigentümlicher Weise, wahrgenommen hat, machen diese Körper, die schon wegen der großen Exzentrizitäten und Neigung ihrer Bahnen an die periodischen Kometen erinnern, diesen seltsamen Himmelskörpern auch in dieser Hinsicht ähnlich, denn auch sie sind häufig Lichtschwankungen unterworfen, deren Ursache noch nicht aufgeklärt ist. Bekanntlich ist (siehe auch meine »*Kometen und Meteore*«) eine Anzahl von ihnen von den großen Planeten »eingefangen«, so daß sie nun in langgestreckten Bahnen, vielfach auch zwischen Mars und Jupiter, um die Sonne laufen. *Rydberg*, der in mancher Hinsicht klärende Ansichten über die Kometen verbreitet hat, sagt mit Recht, daß ein Komet, der etwa in eine sehr wenig exzentrische Bahn innerhalb des Asteroidenringes gezwungen würde, sich von einem kleinen Planeten für uns durch nichts mehr unterscheiden könnte. Denn infolge des nur noch wenig schwankenden Abstandes von der Sonne müßten die Einwirkungen, denen die Kometen ihre Nebelhülle und den Schweif verdanken, aufhören, und es bliebe nur noch der sternartige Kern übrig. Andererseits müßte ein kleiner Planet, der aus einer ursprünglich ungefähr kreisförmigen Bahn in eine kometenartig exzentrische gewiesen würde, bald auch in seinem Äußern zu einem wirklichen Kometen werden, weil bei der nun stattfindenden großen Annäherung an die Sonne deren Einstrahlung das Ausstoßen von Gasen aus dem kleinen Körper bewirken und damit den Kometennebel oder auch selbst einen Schweif bilden müsse. Nach dieser Ansicht haben wir also in den kleinen Planeten wirkliche Übergangsformen zwischen Planeten und Kometen vor uns. Es können unter ihnen beständig Planeten zu Kometen werden, und Eros würde hier an der Grenze zwischen den beiden Arten von Himmelskörpern stehen. Es können auch wirkliche Kometen, die erst vor kurzer Zeit aus unbekannten Fernen des Weltraumes zur Sonne herabgewandert waren, in den Ring der Asteroiden als beständige Mitglieder unseres Systems eingereiht werden. Wir hätten dann hier ein Durchgangs- oder Austauschgebiet von Materie vor uns, das dauernden Veränderungen unterworfen wäre.

Aus dem Vorhergehenden folgt, daß noch eine ganze Anzahl ähnlicher Körper wie Eros zwischen Mars und der Erde vorhanden sein können, die nur der Zufall unserer Erkenntnis zuführen wird. Auch könnte wohl, vorausgesetzt, daß die Annahme von der Versprengung solcher Körper aus dem Ringe zutrifft, einmal der Fall eintreten oder schon früher einmal eingetreten sein, daß ein solcher Körper der Erde so nahe gebracht wird, daß er als Meteorit in ihre Atmosphäre schlägt; es könnten ihn endlich besondere Verhältnisse in eine Bahn zwingen, in der er als kleiner Mond beständig die Erde umkreist. Ebenso nämlich, wie Jupiter Kometen für das Sonnensystem einzufangen wußte, kann es auch unser Mond für das Erdsystem. Eine Untersuchung über die Bewegung des Eros, die in jüngster Zeit *Witt*, der Entdecker dieses interessanten Planeten, veröffentlichte, und die auf allen bis 1907 bekannt gewordenen Beobachtungen beruht, zeigt in der Tat, daß die Bewegungen des Planeten nur unter der Bedingung zu vereinigen sind, daß man die Maße des Systems Erde-Mond um 0,45 Prozent ihres Betrages vermehrt, was also durch das Vorhandensein noch eines oder mehrerer Körper (oder eines Ringes) geschehen könnte. Da der Mond selber 0,0124 der Masse des Systems Erde-Mond besitzt, so wäre die gesuchte Masse immerhin gleich einem Drittel der des Mondes selber. Auch hier mag die Masse des Zodiakallichtringes eine Rolle mitspielen. Jedenfalls sehen wir, in wie vielfacher Hinsicht dieser kleine Körper imstande ist, unser Wissen von der Einrichtung unseres Sonnensystems zu erweitern.

Zeigt es sich, daß der Asteroidenring in seinen letzten Ausläufern keineswegs seine Abgrenzung bei der Marsbahn hat, so sind auch in den letzten Jahren bisher vier kleine Planeten aufgefunden, deren mittlere

Entfernungen über die Jupiterbahn hinausreichen oder doch ganz nahe an sie herankommen. Drei von ihnen, 1906 und 1907 auf der Heidelberger Sternwarte entdeckt, haben die Namen *Achilles*, *Patroklus* und *Hektor* erhalten, der vierte, gleichfalls daselbst am 23. März 1908 aufgefunden, ist noch nicht definitiv benannt worden. Die halben großen Achsen dieser Körper liegen zwischen 5,18 und 5,28; die des Jupiter ist 5,20. Die Umlaufszeit ist bei dem am schnellsten laufenden etwa einen Monat geringer, beim langsamsten drei Monate länger als die des Jupiter, die 11 Jahre und 10½ Monate beträgt. Da also die Geschwindigkeiten, mit denen diese Körper um die Sonne laufen, von der des Jupiter nur wenig verschieden sind, so müßten sie, diesem mächtigen Planeten einmal nahegekommen, ihm auch sehr lange nahebleiben, und er würde ihren Lauf fortwährend derart beeinflussen, daß sie, wenigstens unter gewissen Umständen, schließlich ganz in seiner Nähe blieben, also zu Satelliten des Jupiter würden. Im Falle der hier vorliegenden Körper zwar ergibt die Theorie, daß sie immer in einem beträchtlichen Abstande vom Jupiter bleiben müssen, und zwar so, daß je einer dieser kleinen Planeten mit Jupiter und der Sonne ein gleichseitiges Dreieck bildet. Mit Ausnahme der des Hektor sind die Bahnen dieser merkwürdigen Körper sehr exzentrisch, so daß zum Beispiel Achilles in seiner Sonnennähe sich zwar etwas diesseits der Jupiterbahn befindet, in der Sonnenferne aber sich so weit über sie hinaus entfernt, als Venus von der Sonne absteht.

Es spricht heute alles dafür, daß auch noch weiter hinaus im Sonnensystem solche kleinen Körper aufgefunden werden würden, wenn unsere optischen Hilfsmittel dazu ausreichten, daß also überall noch Materie in dieser Form verstreut ist, die sich in dieser oder jener Weise in das System zu ordnen bestrebt ist. Nur in der Lücke zwischen Mars und Jupiter, wo solche Materie am ungestörtesten ihre Bahnen um die Sonne beschreiben kann, haben sich auch die meisten und größten dieser Körper eingefunden oder sind dort geblieben, wenn sie schon von Anfang an dort waren.

Diese Brücke des Asteroidenringes führt uns deshalb naturgemäß zu dem größten Planeten, *Jupiter*, hinüber, der, im Durchmesser 11,3mal so groß wie die Erde und nur 9,6mal so klein als die Sonne, als eine, wie wir sehen werden, noch nicht einmal völlig erloschene Nebensonne in unserm System gelten kann. Wir haben schon erfahren, daß er in 5,2mal so großer Entfernung wie die Erde die Sonne in 11 Jahren und 315 Tagen umkreist. Seine Bahnexzentrizität beträgt 0,0483, ist also unter den übrigen großen Planeten von mittlerer Größe, auch die Neigung seiner Bahn ist nicht sehr beträchtlich, 1° 19'. Seine Masse ist 314,5mal so groß wie die der Erde und 1047mal so klein wie die der gewaltigen Sonne, sie übersteigt fast um das Dreifache die aller andern Planeten zusammen. Da ist es begreiflich, daß er in sehr merklicher Weise in das Getriebe der Planetenbewegungen eingreift, daß er in der Verwaltung des Sonnenreiches ein gewichtiges Wort als erster Vasall mitzusprechen hat.

Da seine Entfernung von uns nur zwischen 4,2 und 6,2 Sonnenentfernungen schwanken kann, so verändert sich auch die scheinbare Größe seines Scheibendurchmessers nicht viel. Sie beträgt in seiner Opposition etwa 50" und geht zur Zeit der Konjunktion mit der Sonne, wenn er nicht mehr beobachtet werden kann, auf etwa 30" herab. Er bleibt also trotz seiner so viel größeren Entfernung für uns nicht viel kleiner als Venus, wenn sie uns am nächsten steht; er zeigt uns deshalb eine stattliche Scheibe im Fernrohr, die zu den sich alle 13 Monate wiederholenden Oppositionszeiten die ganze Nacht hindurch beobachtet werden kann und in seinen verschiedenen Stellungen zur Sonne keine merklichen Phasen mehr zeigt, weil seine Bahn ja so weit jenseits der Erdbahn bleibt.

Die Jupiterscheibe verrät schon dem oberflächlichen Anblick im Fernrohr eine beträchtliche *Abplattung*. Der Unterschied zwischen dem Durchmesser am Äquator und am Pol beträgt den 14., nach andern Messungen den 16. Teil des ersteren. Nach *Barnard* ist der Äquatorialdurchmesser 145 100 km lang, der Polardurchmesser aber nur 136 100 km.

Die in jedem Fernrohr sehr auffälligen Gebilde auf der Oberfläche des Planeten ordnen sich so, daß sie in der Hauptsache Streifen bilden, die alle auf dem kürzesten Durchmesser senkrecht stehen. Die untenstehende Darstellung des Anblicks des Planeten, wie ihn seinerzeit das große Lickfernrohr gewährte, gibt ein sehr charakteristisches Bild davon. Wir sehen daraus ohne alle andern Erfahrungen über diese ungeheure Welt, daß sie sich sehr schnell um ihre Polarachse drehen muß, um die Materie, die wir hier sehen, gleichviel welcher Art sie sei, zu so scharf ausgeprägter Anordnung in den Parallelkreisen zu nötigen. In der Tat läßt schon eine Beobachtung von wenigen Stunden keinen Zweifel über die schnelle Drehung der ungeheuren Kugel, die sich in weniger als zehn Stunden vollzieht. Es folgt daraus, daß ein Punkt des Jupiteräquators in jeder Sekunde einen Weg von rund 12½ km zurücklegt, das ist also ungefähr 25mal schneller, als die Erdoberfläche am Äquator umschwingt. Es ist dies überhaupt die größte Äquatorgeschwindigkeit im ganzen System mit Einschluß der Sonne, bei der sie nur 2 km beträgt.

Abb. 17. Jupiter.

Die Einzelheiten, die man auf der uns sichtbaren Oberfläche des Jupiter wahrnimmt, sind fortwährenden langsamen Änderungen unterworfen; noch kein Gebilde hat sich auch nur annähernd so wie bei denen auf der Marsoberfläche beständig erwiesen. Was man auf Jupiter sieht, sind offenbar Wolkengebilde, die die oberen Schichten einer tiefen Atmosphäre einnehmen und niemals einen Blick auf eine etwa darunter befindliche feste Oberfläche gestatten. Auch das Spektroskop läßt hierüber keinen Zweifel; es läßt eine dichte Atmosphäre erkennen, deren Zusammensetzung von der der Erdatmosphäre merklich abweicht. Dieser Wolkenhülle des Jupiter entsprechend, ist auch die Rückstrahlungskraft, die Albedo des Jupiter, bedeutend. Sie ist 0,61. Von den übrigen Planeten ist nur die der Venus und des Saturn noch etwas größer. Es zeigt sich, daß die *Dichtigkeit*, mit welcher die Masse des Planeten in ihm verteilt ist, sogar noch etwas geringer ist als die der Sonne. Sie beträgt nur 0,23 von der der Erde und ist nur ein Drittel größer als die des Wassers. Da die Dichtigkeit, wie in allen Körpern, gegen den Mittelpunkt beträchtlich zunehmen muß, so können wir beim Jupiter bis in beträchtliche Tiefen unter der sichtbaren Oberfläche sicher keine dichteren Stoffe als Wasser antreffen. Es ist deshalb keineswegs ausgeschlossen, daß Jupiter im wesentlichen noch ein Gasball ist, ähnlich wie die Sonne, und daß seine innern dichteren und heißeren Schichten noch selbstleuchtend sind. Wir hätten dann in Jupiter eine alternde, schon fast erloschene Nebensonne unseres Systems vor uns. Es ist natürlich von großer Wichtigkeit, daß von den Beobachtern alle Einzelheiten möglichst sorgfältig durch Zeichnung oder Beschreibung festgehalten werden, weil man in »der Erscheinungen Flucht« doch auch hier das Beharrliche, das Gesetzmäßige zu ergründen suchen muß. Jupiter ist deshalb auch für den nur mit einem mittleren Fernrohr ausgestatteten Liebhaber der Sternkunde ein höchst dankbares Objekt, namentlich wenn der Beobachter mit einigem Zeichentalent begabt ist. Man wird dann bald erkennen, daß sich gewisse Zonen auf der Jupiteroberfläche deutlich unterscheiden lassen, von denen die einen beständig mit besonders hellen, die andern mit dunkleren Gebilden überdeckt sind. Aus der Gesamtheit der Wahrnehmungen läßt sich die in Abb. 18 abgebildete schematische Darstellung ableiten. Wir sehen aus ihr, daß die Äquatorgebiete des Planeten, mit Ausnahme eines schmalen Streifens am Äquator selbst, besonders hell erscheinen, daß sich dann nördlich und südlich dunklere Zonen anschließen, denen hellere folgen, und daß die Polargebiete wieder eine dunklere Färbung besitzen. Namentlich in neuerer Zeit hat man gefunden, daß die helleren Partien höher gelegene Wolkengebilde sein müssen, während man in den dunkleren Gebieten durch Lücken dieser Wolkenbedeckung in tiefere Regionen der Jupiteratmosphäre blickt, die meist in bräunlich rotem Lichte durchschimmern. Von den hellen Tropengürteln, den »Äquatorialzonen«, zweigen oft langgezogene, helle Streifen in die »Äquatorialgürtel« (N und S in der schematischen Darstellung) ab, wie wir es auch auf der schönen Zeichnung, Seite 75, sehen, die den deutlichen Eindruck machen, als ob die Wolkenbildungen der geringeren Breiten der so sehr schnellen Rotation des Planeten nicht mehr nachkommen konnten und deshalb langsam in den höheren Breiten sich auflösen. Wir beobachten auf der Erde ganz analoge Erscheinungen in den Passatwinden. In Wirklichkeit rührt dieses Zurückbleiben von den am Äquator aufsteigenden Luftströmungen her, die wegen des geringeren Durchmessers der umschwingenden Kugelteile, aus denen sie aufstiegen, eine geringere Geschwindigkeit besitzen müssen als die höher gelegenen, in die sie gelangen. Wir sehen also aus diesen Gebilden, daß auf Jupiter ganz gleichartige, ausgleichende Luftströmungen zwischen den Polen und dem Äquator existieren müssen, wie auf der Erde. Infolge dieses Zurückbleibens der Wolkengebilde müssen auch die Umlaufszeiten des Jupiter, die aus ihrer Beobachtung in den verschiedenen »jovigraphischen« Breiten abgeleitet werden, verschieden ausfallen. In der Tat konnte man nachweisen, daß diese Umlaufszeit vom Äquator gegen die höheren Breiten hin allmählich abnimmt, zwischen 9 Stunden 50 Minuten bis auf 55 Minuten.

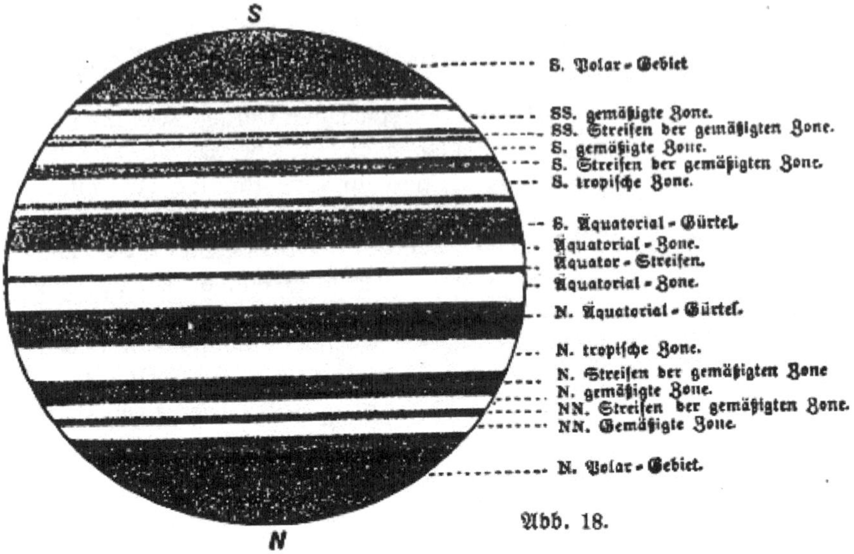

Abb. 18.

Tritt hier im Verhalten der Wolkenbedeckung des Jupiter eine deutliche Ähnlichkeit mit Verhältnissen hervor, die man auch an der Erde als Himmelskörper, nur in bedeutend verminderter Weise, beobachten würde, so erscheint Jupiter auf der andern Seite wieder der Sonne verwandt, nur daß dann Jupiter vergleichsweise die schwächeren Reaktionen zeigt. Man hat die Sonnenflecken als Lücken in der leuchtenden Atmosphäre des Zentralgestirns erkannt, durch die man in tiefer gelegene, dunklere Regionen sieht. Dasselbe ist bei den dunkleren Streifen des Jupiter der Fall, die auch, wie die Sonnenflecke, hauptsächlich nur in mittleren Breiten auftreten. In den Polarregionen sieht man auf beiden Weltkörpern keinerlei Einzelheiten mehr. Während aber auf der Sonne Veränderungen oft schon in wenigen Minuten erkennbar sind, ändert sich der Anblick Jupiters oft monatelang nur wenig.

Ein Beispiel einer jahrzehntelang anhaltenden, merkwürdigen Erscheinung auf dem großen Planeten bietet der sogenannte *rote Fleck*, der im Jahre 1872 zuerst nur schwach sichtbar wurde, um 1880 herum seine größte Deutlichkeit zeigte, um dann langsam abzublassen, ohne bisher gänzlich verschwunden zu sein. Die nebenstehende Abb. 19 wurde von mir zu einer Zeit, als er am kräftigsten auftrat, am Genfer Refraktor angefertigt. Man hat ihn sich von etwas schmutzig ziegelroter Farbe vorzustellen. Seine länglich runde Fläche war seinerzeit größer als die von ganz Europa, seine Längsausdehnung wurde zu 30 000 km gemessen. Es hat sich ergeben, daß er sich in den oberen Regionen der Jupiteratmosphäre befindet. Freilich hat man unzweifelhaft gelegentlich helle Wolkenschleier über ihn hinwegziehen sehen, und sehr charakteristisch ist es, wie er den hellen Äquatorstreifen, über dem er (also südlich, denn alle Angaben beziehen sich immer auf den Anblick im Fernrohr) steht, zu verdrängen scheint.

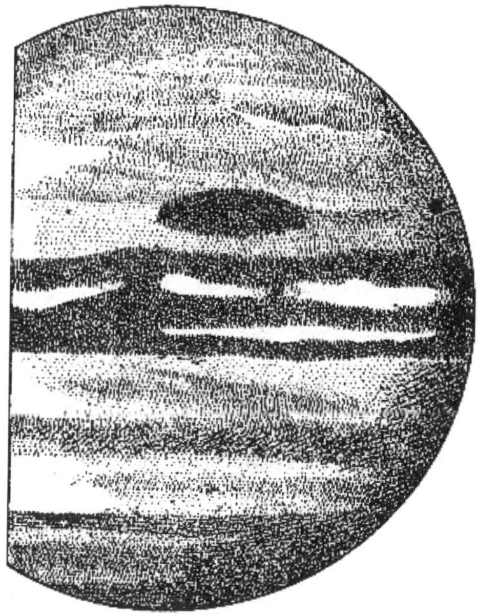

Abb. 19.

Alles spricht dafür, daß der rote Fleck nur der Widerschein von Vorgängen ist, die in größerer Tiefe stattfinden. Die Geschwindigkeit seiner Umschwungsbewegung ist deshalb auch wesentlich geringer als die seiner Umgebung in diesen äquatorialen Breiten. Der Fleck bleibt gegen die Rotationsrichtung zurück, er hat eine rückläufige Bewegung auf der sichtbaren Jupiteroberfläche.

Was mag wohl auf dem Planeten geschehen sein, als sich dieser rote Fleck bildete? Wenn sich auf der Erde unter einer undurchdringlichen Wolkendecke eine ausgedehnte vulkanische Spalte öffnete und Lavaströme über weite Ländergebiete ergösse, wie es in der Tertiärzeit z. B. von der gewaltigen Kette der Anden aus geschehen ist, so würden außerirdische Beobachter eine ganz ähnliche Erscheinung an unserm Erdsterne wahrnehmen. Ist solches auch dort geschehen? Wer könnte das mit Sicherheit bejahen? Schwierigkeiten bereitet hierbei der geringe Dichtegrad der Jupitermasse, der kaum eine feste Oberflächenkruste voraussetzen läßt, aus der solche Eruptionen hervorgehen könnten. Gewisse neuere Betrachtungen über den Erstarrungsprozeß weltkörpergroßer Massen machen es indes doch wahrscheinlich, daß in gewisser Tiefe sich eine feste

Kruste bilden muß, unter der wieder ein flüssiger und selbst gasförmiger Kern vorhanden ist. In einem solchen Stadium könnte sich wohl Jupiter gegenwärtig befinden, und es mag sich, wie man es auch in Urzeiten bei der Erde annimmt, eine Scholle von kontinentaler Ausdehnung über einer sonst schon im Erkalten und Erlöschen begriffenen Oberfläche zu neuer Glut entfacht haben, vielleicht infolge des Absturzes eines größeren Körpers aus dem Weltraume. Wir könnten etwa an einen kleinen Planeten denken, den Jupiter sich aus der Schar der in seiner Nähe kreisenden herausgegriffen hätte, um ihn als Mond dauernd an sein Reich zu fesseln, und der dann durch besondere Störungen, etwa von einem seiner größeren Monde, zu diesem Sturz in den Jupiter gezwungen wäre. Jedenfalls will es mir scheinen, daß die Größe und Dauer der Erscheinung fast zwingend auf ein kosmisches Ereignis hindeuten.

Diese Betrachtungen führen uns zu der Welt der *Monde* hinüber, die der große Planet um sich versammelt hat. Es sind heute acht oder neun bekannt, die, in den verschiedensten Größen und Entfernungen ihn umkreisend, den beobachtenden wie den theoretischen Astronomen eine der interessantesten Mannigfaltigkeiten darbieten.

Da sind zunächst die vier sogenannten »alten« Monde, die *Galilei* 1610, also nun vor gerade dreihundert Jahren, sogleich entdeckte, als er als erster das neuerfundene Fernrohr zum Himmel richtete. Sie sind schon in jedem Opernglase zu erkennen, und Leute mit besonders scharfem Auge haben sie sogar ohne optische Hilfsmittel unterscheiden können. Dies wäre überhaupt sehr leicht, wenn nicht der strahlende Jupiter sich in zu großer Nähe befände. Nicht immer aber sind alle vier zugleich sichtbar, ja, es kann vorkommen, daß sich keiner von ihnen neben der leuchtenden Scheibe seines Hauptplaneten sichtbar zeigt. Im interessanten Wechselspiel ihrer Stellungen kann der eine hinter den Jupiter, ein anderer vor seine Scheibe, andere wieder in seinen Schattenkegel getreten und dadurch für uns verfinstert sein, ganz ebenso, wie es gelegentlich mit unsrem Monde geschieht. Die Mannigfaltigkeit der Erscheinungen wird noch durch die oft beobachteten Vorübergänge der Schatten der Monde über die Jupiterscheibe erhöht, so daß zur Zeit, da Jupiter für die Beobachtung günstig steht, kaum ein Tag vergeht, an dem nicht wenigstens eines jener interessanten Phänomene dieser Monde zu beobachten ist. So konnte man zum Beispiel am 13./14. März 1909 nacheinander an allen vier Monden eine dieser Erscheinungen beobachten, freilich nicht an ein und demselben Orte der Erde zugleich, weil Jupiter nicht immer zu den entsprechenden Zeiten für einen bestimmten Ort über dem Horizonte stand. Den Reigen begann der Schatten des III. Mondes, der um 1 Uhr 15 Minuten nachmittags nach Mitteleuropäischer Zeit (MEZ) wieder aus der Scheibe des Jupiter trat, über die er tags zuvor gezogen war. Diese Schattenübergänge finden immer von Osten nach Westen statt.

Die Monde bewegen sich in derselben Richtung um Jupiter, wie dieser und alle andern Planeten um die Sonne, von Westen nach Osten. Wenn aber die Monde oder ihre Schatten vor der Planetenscheibe vorübergehen, sind sie uns näher als der Planet, wir sehen gewissermaßen von unten auf das System. Die Monde ziehen hier für uns von Osten nach Westen, und nur, wenn sie hinter Jupiter vorübergehen, verfolgen sie die andere Richtung. Um 5 Uhr 50 Minuten trat der IV. Mond, von Osten kommend, vor die Scheibe. Um 8 Uhr 40 folgte ihm sein Schatten, der sich als kleine, schwarze Scheibe in den östlichen Planetenrand schob. Um 9 Uhr 51 Minuten trat der Mond selbst, um 12 Uhr 56 sein Schatten wieder auf der Westseite aus der Planetenscheibe. Um 4 Uhr 25 nachts sah man den I. Mond hinter dem Jupiter verschwinden, und zwar auf der Westseite. Um 7 Uhr 0 Minuten 20 Sekunden erschien dann nahe dem Ostrande, doch schon etwas von ihm entfernt, der Mond plötzlich wieder. Als er hinter Jupiter hervorkam, war er in seinen Schatten gehüllt, aus dem er jetzt, ziemlich, doch nicht ganz plötzlich am freien Himmel neben Jupiter wieder aufleuchtete. 13 Minuten nach Mittag, also schon am nächsten Tage, verschwand schließlich der II. Mond hinter dem Planeten. Derartig setzt sich das Spiel beständig fort.

In besseren Fernrohren kann man deutlich unterscheiden, daß diese vier Monde kleine Scheiben besitzen, daß sie keine durchmesserlosen Lichtpunkte sind, wie die Fixsterne. Sehr deutlich erscheinen die Schatten auf dem Planeten, wo also jeweilig ein Mond eine Sonnenfinsternis erzeugt, als schwarze Scheiben, wenn man etwa 200- bis 300fache Vergrößerung anwenden kann. Schwieriger sind die Vorübergänge der Monde selbst vor der Planetenscheibe zu beobachten. Wenn Mond und Planet die gleiche Albedo hätten, so müßte der Satellit ja dabei ganz verschwinden. Nun ist aber der Rand der Jupiterscheibe immer beträchtlich dunkler als die mittleren Partien, was von der Absorption des Lichtes in der Atmosphäre des Planeten herrührt. Man erkennt deshalb die Monde häufig noch deutlich als helle Scheibchen, wenn sie am Rande eintreten. Sie verschwinden dann aber meist bald, um am andern Rande vor dem Austritt wieder sichtbar zu werden. Kann man sich dies aus den vorliegenden Verhältnissen erklären, so treten bei diesen Übergängen doch gelegentlich seltene Abweichungen auf, die zum Teil noch der Erklärung bedürfen oder doch nur zu verstehen sind, wenn man diesen Monden eine wechselnde Wolkenbedeckung zuspricht, die, namentlich beim ersten Monde, einen ähnlichen äquatorialen, helleren Gürtel aufweist, wie Jupiter selbst. Dieser Satellit ist nämlich wiederholt doppelt gesehen worden, und zwar als doppelter, dunkler Punkt auf dem hellen Äquatorstreifen Jupiters und hell als Streifen, also nicht rund, auf einer dunkeln Region des Planeten. Nimmt man an, daß der Mond zwei dunkle Polarhauben besitzt, die von einem hellen Gürtel getrennt sind, so kann es kommen, daß der helle Streifen sich auf dem hellen Grunde des Planeten verliert. Die beiden dunkeln Polhauben erscheinen dann, von dem Glanze der Jupiteroberfläche für unser Auge durch Überstrahlung scheinbar abgerundet, als zwei getrennte, dunkle Körper. Umgekehrt können auf einem dunkleren Grunde die Polarhauben des Mondes gänzlich verschwinden, und es bleibt bloß der helle Äquatorstreifen übrig. Dies sind aber alles Erscheinungen, die nur unter günstigen Bedingungen mit den besten Fernrohren wahrgenommen werden können. Hier war es von Interesse, davon zu sprechen, weil sie eine Wahrscheinlichkeit dafür bedeuten, daß die großen Satelliten des Jupiter von merklichen Atmosphären umgeben sind. *Barnard* (am großen Lickrefraktor) und andere haben auf den Satelliten gelegentlich Einzelheiten wahrgenommen, die eine gewisse Konstanz zu haben scheinen. Nichts spricht jedenfalls dagegen, daß man es in ihnen mit wohlorganisierten Welten zu tun hat, die die alternde Sonne, ihren Hauptplaneten, ihrerseits noch planetenartig umkreisen, indem sie von ihr wohl auch noch merkliche Mengen von Wärme zugestrahlt erhalten.

Es sind ja auch recht große Körper, von denen der größte, der sogen. III. (Abb. 20), mit einem Durchmesser von 5720 km (nach Barnard) den des kleinsten unter den Planeten, Merkur, um nahezu 1000 km übertrifft. Auch der VI. Mond ist mit 5380 km noch merklich größer als Merkur. Dann folgt der Größe nach der I. Mond mit 3950 km; der II., kleinste unter diesen vier Hauptkörpern des sekundären Weltsystems des Jupiter, mißt immer noch 3300 km. Wir haben also ganz respektable Welten vor uns.

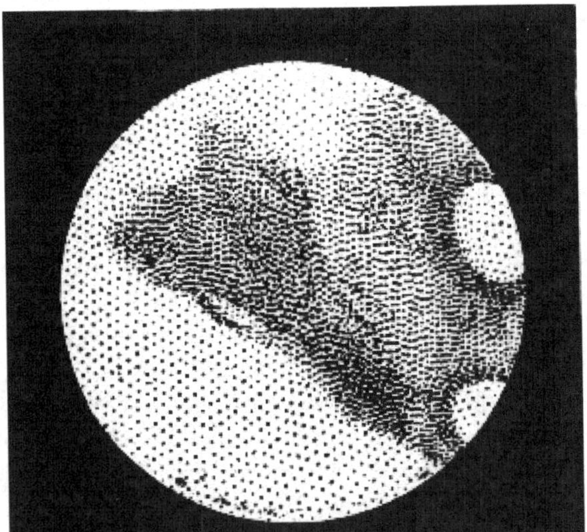

Abb. 20. Zeichnung des
III. Jupitermondes.

Eigentümliche *Lichtschwankungen*, die man an diesen Monden wahrgenommen hat, und die periodisch mit ihrer Stellung zu uns stattfinden, lassen kaum einen Zweifel darüber, daß ihre Oberflächen topographische Verschiedenheiten aufweisen, und daß zugleich immer dieselbe Seite ihrer Oberfläche dem Jupiter zugewandt ist, wie es zwischen der Erde und ihrem Monde stattfindet. Auch theoretisch läßt sich die Notwendigkeit dieser Sachlage nachweisen.

Verfolgen wir die Bewegungen dieser Monde um den Jupiter etwas näher, so erkennen wir, daß sie alle in nahezu derselben Ebene stattfinden, wie die der Ekliptik, in der sich die Planeten um die Sonne bewegen. Deshalb stehen die Monde auch für unsern Anblick häufig nahezu in einer geraden Linie angeordnet, und sie müssen, mit Ausnahme des IV. Mondes, der zuweilen über oder unter dem Planeten vorbeiläuft, bei jedem ihrer Umläufe vor und hinter den Planeten treten. Ihre Umlaufszeiten selbst betragen in abgerundeten Zahlen 1 Tag 18½ Stunden, 3 Tage 13 Stunden, 7 Tage 4 Stunden und 16 Tage 16½ Stunden. Die Abweichung ihrer Bahnebenen gegen die Ekliptik liegt bei rund 2°, und sie bewegen sich in fast genauen Kreisbahnen um ihren Hauptplaneten. Ihre Abstände von ihm betragen 420 000, 670 000, 1 067 000 und 1 877 000 km. Der nächste von diesen Monden ist also vom Zentrum seines sekundären Systems schon etwas weiter entfernt als unser Mond von der Erde.

Zu diesen vier großen, seit 1610 bekannten Monden kam nun zunächst noch ein von *Barnard* auf der Licksternwarte 1892 entdeckter recht kleiner Mond, der den Jupiter in einer noch engeren Bahn als der vorher bekannte I. umkreist. Der kleine Körper, der nach seiner geringen Lichtstärke als Sternchen 13. Größe nur einen Durchmesser von etwa 160 km haben kann, bleibt nur etwa 1¼ Durchmesser des Planeten oder 180 000 km von seinem Zentrum oder etwa 107 000 km von seiner Oberfläche entfernt und umkreist ihn, so nahe dem mächtigen Kraftzentrum, bereits in 11 Stunden 57 Minuten und 23 Sekunden, so daß also seine Bewegung nicht viel hinter der eines Punktes des Jupiteräquators zurückbleibt. Seine Bahnneigung und Exzentrizität sind wie die der großen Monde gering.

Nach der Entdeckung dieses neuen Mondes kamen die Astronomen wegen seiner Benennung in einige Verlegenheit. Für die vier großen Monde hatten sich keine Namen einbürgern wollen. Die vorgeschlagenen Namen, Jo, Europa, Ganymedes, Kallisto, sind niemals ernstlich benutzt worden. Man begnügte sich damit, die Monde mit römischen Ziffern, als I., II., III. und IV. Mond zu bezeichnen. Nun war aber ein Mond, der vor den I. gehörte, dazu gekommen. Es blieb schließlich nichts übrig als ihm trotzdem die römische Ziffer V zu lassen, womit er seitdem allgemein benannt wird.

Die Zahlenunordnung wurde aber noch größer, als noch weitere Monde, nunmehr jenseits des IV., entdeckt wurden, die nun als VI., VII., VIII. Mond bezeichnet werden müssen, so daß die Reihenfolge V., I., II., III., IV., VI., VII. und so weiter ist.

Der VI. Mond wurde auf photographischem Wege 1904 von *Perrine* auf der Lickssternwarte entdeckt. Er bewegt sich bereits in so großer Entfernung um den Jupiter, daß sein System dadurch um das Fünffache seiner bis dahin bekannten Größe erweitert wurde. Sein Abstand beträgt 9 700 000 km, seine Umlaufszeit 251 Tage.

Ganz in der Nähe dieses sehr kleinen Mondes umkreist noch ein anderer den großen Planeten, der gleichfalls von *Perrine* 1905 zuerst photographiert wurde. Sein Abstand beträgt 11 750 000 km, und seine Umlaufszeit vollendet sich in 260 Tagen. Der VI. Mond mag 120 km, der VII. nur 50 km im Durchmesser halten. Beide haben eine starke Neigung zur Ekliptik von 28 und 30 Grad und auch große Exzentrizitäten. Sie weichen also in ihrem ganzen Wesen bedeutend von den übrigen Monden des Systems ab.

Noch viel mehr ist dies bei dem Anfang 1908 von *Melotte* auf der Sternwarte zu Greenwich entdeckten VIII. Jupitermonde der Fall. Es ist ein Sternchen 17. Größe, also selbst photographisch nur noch sehr schwer zu erreichen. Sein Abstand vom Hauptplaneten ist nach den letzten Bestimmungen von *Crawford* und W. F. *Meyer* 0,1713 astronomische Einheiten, also fast gleich dem halben Abstande des Merkur von der Sonne, das sind 2 560 000 km oder das 2–3fache der Entfernung des VI. und VII. Mondes. Die Umlaufszeit beträgt 2,3 Jahre. Das Merkwürdigste aber an diesem Monde ist, daß er sich in umgekehrter Richtung um den Hauptkörper bewegt, wie alle übrigen Mitglieder des Systems, eine Erscheinung, die wir im ganzen Sonnenreiche nur noch bei einem Saturnsatelliten, dann den Monden des Uranus und dem des Neptun wiederfinden, also ausschließlich in fernstehenden Gebieten des Systems. Da sonst nur noch unter den Kometen Rückläufigkeit vorkommt, so haben wir in diesem VIII. Jupitermonde eine Übergangsform einerseits von Komet zum Trabanten, andererseits von einem kleinen Planeten zu einem Monde vor uns, einen »eingefangenen« Körper, der, wie theoretische Untersuchungen von *Kopp* und andern ergeben haben, überhaupt keine stabile Bahn besitzen, also auch wieder zu einem kleinen Planeten werden kann, um alsbald das System des Jupiter wieder zu verlassen und nur noch direkt um die Sonne zu laufen. Wir erinnern uns hier der Betrachtungen, die wir bei Gelegenheit der jupiternahen Planetoiden angestellt haben.

Sehr merkwürdig, aber der weiteren Aufklärung noch bedürftig ist die Entdeckung eines vermutlichen IX. Jupitermondes von demselben *Melotte* in Greenwich, der ähnlich wie der VI. und VII. Mond in nahezu der gleichen

Bahn mit dem VIII. zu laufen scheint, aber wesentlich heller ist als dieser, nämlich 14. Größe. Die weitere Verfolgung muß es erst noch herausstellen, ob hier nicht doch ein kleiner Planet vorliegt.

Dieses reiche System verlassend, treffen wir, weiter hinauswandernd, auf ein noch interessanteres und vielseitigeres, das des ringgeschmückten *Saturn*. Kein Anblick der Wunder des gestirnten Himmels, selbst schon durch Fernrohre von geringer Kraft, mutet uns so geheimnisvoll an, wie der dieses Planeten, der sich, wie ein Symbol der Unendlichkeit, an deren Grenze er jahrtausendelang in der Erkenntnis der Menschheit stand, mit einem ihn frei im leeren Raume umschwebenden, breiten, leuchtenden Reif umgeben hat.

Saturn ist etwa 9,5 mal weiter von der Sonne entfernt wie wir und umläuft sie in 29 Jahren und 167 Tagen. Die Neigung seiner Bahn gegen die Ekliptik ist gering, 2½°, die Exzentrizität beträgt nur 0,056.

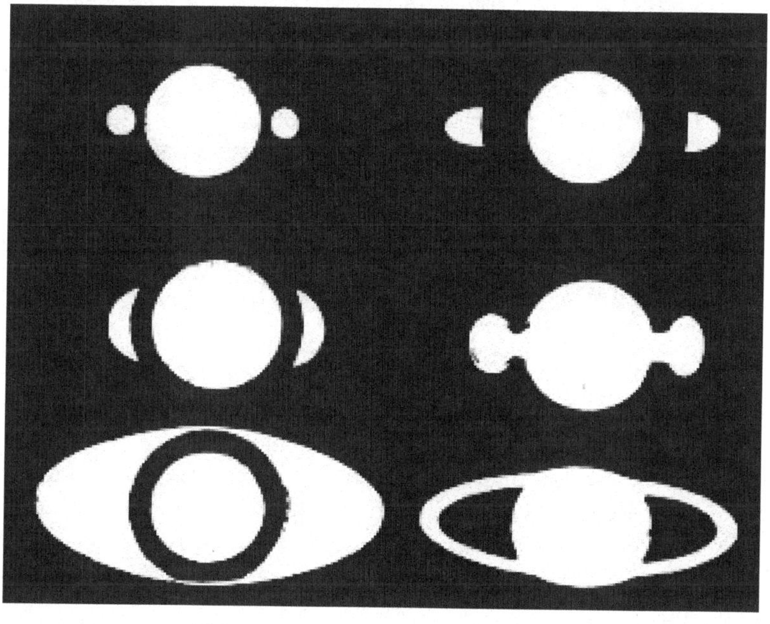

Abb. 21. Alte Saturnzeichnungen.

Noch deutlicher wie beim Jupiter sieht man auf den ersten Blick, daß die Saturnkugel stark abgeplattet ist, und zwar in der Richtung senkrecht auf der Ebene der Ringe (denn sie stellen sich auch schon für ein mittleres Fernrohr als mehrfach heraus). Die Ringe befinden sich also in der Äquatorebene des Planeten. Die Kugel selbst mißt in dieser Äquatorrichtung 123 000 km. Sie ist also nicht wesentlich kleiner als Jupiter. In der Polarachse aber ist diese Abmessung um 10 700 km kleiner. Nach andern Messungen ist der Unterschied noch größer, so daß die Abplattung gleich $^1/_{10}$ wird. In dieser im Durchmesser 9½mal die Erde übertreffenden Weltkugel ist die Masse noch weniger dicht verteilt wie in der des Jupiter. Sie ist nur noch 0,13 von der der Erde und nur 0,7 von der des Wassers. Die gewöhnlichen Holzarten, zum Beispiel etwa festes Tannenholz oder das Holz des Birnbaums, haben bei gleichem Volumen die gleiche Schwere wie die durchschnittliche Masse der Saturnkugel. Noch mehr wie für Jupiter müssen wir also für Saturn annehmen, daß er noch keine eigentliche feste Oberfläche besitzt, und eine dichte Wolkenhülle ständig seine Kugel umgibt.

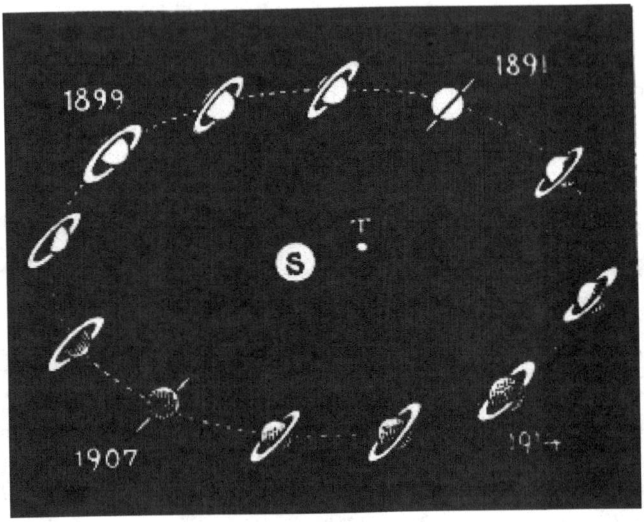

Abb. 22. Ansichten der Saturnringe.

Dies bestätigen auch die Einzelheiten, die man gelegentlich auf diesem Planeten erkennt. Freilich sind diese längst nicht mehr so deutlich zu unterscheiden wie beim Jupiter. Saturn ist ja an sich schon etwas kleiner als sein Nachbar diesseits und dabei fast noch einmal so weit von uns entfernt. Die scheinbare Scheibe des Planeten, immer ohne den Ring, schwankt nur zwischen 15" und 21", ist also weniger als halb so groß, wie die des Jupiter. Trotzdem sind Streifen, die wie bei jenem parallel mit seinem Äquator die Kugel umziehen, immer sehr deutlich zu erkennen, zuweilen auch, doch nur in besseren Fernrohren, hellere oder dunklere Flecke, die sich dann nahezu so schnell wie beim Jupiter über die Scheibe hinbewegen, woraus sich eine Umschwungszeit der Kugel von nur 10 Stunden 14 Minuten ergibt. In allen diesen Eigenschaften zeigen sich also zwischen Jupiter und Saturn Verwandtschaften, die sie von den sonnennäheren Planeten unterscheiden, die dichter sind, eine weit langsamere Bewegung um sich selbst und infolgedessen auch eine viel geringere Abplattung besitzen. Dazu kommen die dichten Atmosphären, die im Spektroskop eine verschiedene

Zusammensetzung zeigen, wie die der Erde, unter sich aber ähnlich sind. Beide Körper jenseits des Asteroidenringes und auch die beiden folgenden, Uranus und Neptun, sind wesentlich größer als die »inneren Planeten«, Merkur, Venus, Erde und Mars, und haben mehr Monde um sich versammelt, (mit der Einschränkung bei Neptun, der wohl nur zu weit von uns entfernt ist, als daß wir seine kleineren Monde noch sehen könnten). Wir haben es also im Asteroidenringe mit einer sehr merkwürdigen Grenzscheide zwischen zwei wesentlich verschieden Typen von Weltkörpern zu tun.

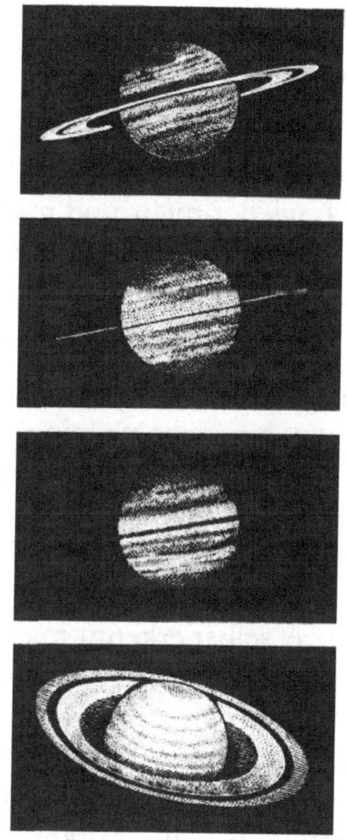

Abb. 23 a–d. Saturnbilder.

Die *Ringe* umgeben die Saturnkugel in einer Ebene, die ziemlich stark gegen die Ekliptik geneigt ist. Wäre dies nicht der Fall, befänden sie sich nahezu in derselben Ebene, in der wir uns mit Saturn (annähernd) um die Sonne bewegen, so könnten wir sie immer nur sehr verkürzt sehen, während sie sich für uns in Wirklichkeit oft recht weit öffnen, wenn wir in möglichst großem Winkel auf ihre Ebene herabsehen, und dann wieder ganz schmal werden, wenn die Erde durch ihre Ebene geht. Es ist leicht zu ersehen, daß dieser Wechsel der perspektivischen Ansichten des Ringsystems sich innerhalb der Umlaufszeit des Saturn wiederholen muß. Rund alle 15 Jahre sehen wir auf die Ringe in ihrer für uns breitesten Ansicht und allemal $7\frac{1}{2}$ Jahre danach auf ihre schmale Seite, wobei die Ringe überhaupt völlig verschwinden. Diese wechselnden perspektivischen Ansichten machten dem Entdecker der Saturnringe, *Galilei*, viel Sorgen, der eine Zeitlang glaubte, sein noch sehr primitives Fernrohr spiegelte ihm falsche Bilder vor. Das war wohl begreiflich, wenn man die Abbildung 21 ansieht, die das neuerfundene Fernrohr nacheinander von dem wunderbaren Planeten zeigte.

In Abb. 22 sind die verschiedenen perspektivischen Ansichten wiedergegeben, wie sie sich während eines Umlaufes des Saturn um die Sonne darstellen, und weiterhin folgen vier Bilder des Planeten, die ihn in besonderen Stellungen zeigen. Das erste ist ein recht charakteristisches Bild, das schon 1874 gemacht ist und sehr schön die eigentliche Form des Schattens auf den Ringen erkennen läßt. Dieselbe Stellung hat sich 1903 auf 1904 wiederholt. Die drei andern Bilder zeigen, wie der Ring dann immer schmäler geworden und Ende 1907 endlich ganz verschwunden ist. Gegenwärtig öffnet er sich wieder mehr und mehr, und 1914 wird er wieder voll geöffnet sein. Sehen wir ihn uns in einer solchen Lage etwas genauer an, wozu die schematische Zeichnung 24 dienen kann.

Wir unterscheiden zunächst eine ganze Anzahl von ineinander steckenden Ringen, die zum Teil deutliche Lücken zwischen sich lassen. Um uns unter diesen zurechtzufinden, ist ein Schema eingeführt und mit Buchstaben versehen. Wir unterscheiden dabei drei Ringe, den äußeren hellen, den inneren hellen und den dunkeln Ring, in der Zeichnung A, B und C. Zwischen A und B befindet sich eine sehr deutliche dunkle Lücke, die sogenannte *Cassinische Trennung*. Sie ist auf dem Schema mit c bezeichnet. Ungefähr in der Mitte von A selbst erkennt man noch eine andere, zwar viel feinere Lücke, die *Enckesche Trennung* oder auch die Bleistiftlinie genannt. Sie wechselt, wie ich mit *Schiaparelli* seinerzeit feststellen konnte, ihre Lage auf dem Ringe, so daß sie ihn zuweilen in der Mitte schneidet, zuweilen zu zwei Dritteln und einem Drittel trennt. Wir werden gleich noch sehen, zu welchen interessanten Konsequenzen für die Zusammensetzung der Ringe diese Wahrnehmung führt. Der Ring B ist der hellste und deutlich leuchtender als die Saturnkugel selbst. Ihm folgt der dunkle oder *Schleierring* C, der sich in den *Ansen*, den über die Kugel hervorragenden Teilen des Ringes, deutlich vom Himmelsgrunde mit einer scharfen Linie abhebt, also weniger dunkel als dieser ist. Über der Kugel erzeugt er einen leichten, schleierartigen Schatten, die andern Ringe dagegen einen ganz dunkeln. Dies sind die hervorstechendsten Einzelheiten, die das Ringsystem meist schon in mittleren Fernrohren darbietet. Unter besonders günstigen Bedingungen treten aber noch mehrere andere Trennungslinien auf, so daß es kaum zweifelhaft ist, daß das Ganze aus einer sehr großen Zahl einzelner Ringe besteht.

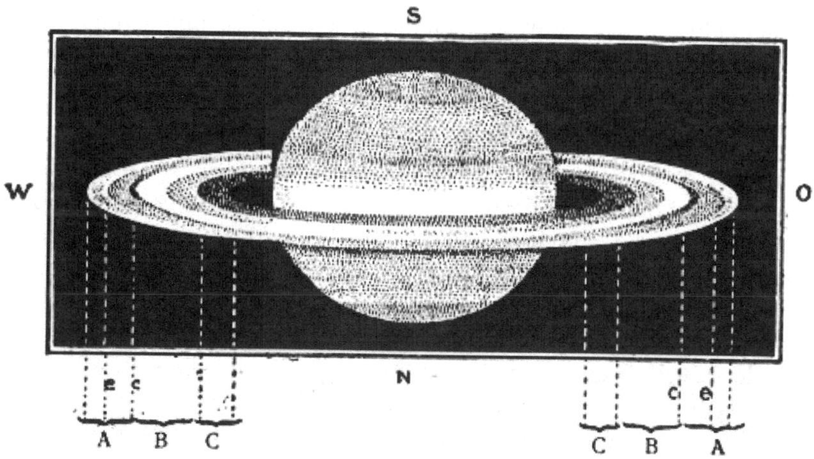

Abb. 24. Schema der Saturnringe.

Die Dimensionen des Ringsystems sind nach *Barnard* folgende. Es mißt von einem Ende zum andern 277 800 km. Es könnten also fast 22 Erdkugeln aneinander gereiht in ihm Platz finden. Die Breite des Ringes A beträgt 17 800 km; die Cassinische Trennung 3600 km; der Ring B mißt 30 900 km, er ist also fast noch einmal so breit wie A, endlich der Schleierring C wieder nahezu ebensoviel wie A, 17 500 km. Der Weg von seiner innersten Kante bis zur Oberfläche des Saturn selbst ist 9500 km lang.

Angesichts dieser imposanten Breitenausdehnung muß die ungemein geringe Dicke des Ringsystems wundernehmen. Man hat sich wiederum davon während der letzten Verschwindungsperiode 1907 überzeugen können.

Es sind dabei verschiedene Momente zu unterscheiden. Man wolle sich deswegen vorstellen, daß, vom Saturn gesehen, Erde und Sonne nicht genau zu gleicher Zeit die Ebene der Ringe passieren, auch wenn sie sich in der gleichen Richtung befinden. Der eine Himmelskörper wird sich noch etwas über der Ringebene befinden können, wenn der andere unter ihr steht. Sehen wir von der Erde aus die Südseite des Ringes, während die Sonne noch über seiner Nordseite steht und also nur diese beleuchtet, so ist der Ring für uns im Dunkeln und unsichtbar. So trat die Erde am 17. April 1907 auf die Südseite der Ringebene, während die Sonne noch die nördliche Seite beleuchtete. Der Ring mußte also für uns unsichtbar werden. Am 26. Juli erst kam die Sonne auf die gleiche Seite, und der Ring wurde nun wieder sichtbar. Aber schon am 4. Oktober trat die Erde auf die Nordseite, die jetzt nicht mehr beleuchtet wurde. Der Ring mußte aufs neue verschwinden, bis die Erde am 7. Januar 1908 nunmehr definitiv auf die Südseite überging, wo sie nun mit der Sonne 14½ Jahre lang bleiben und den Ring uns sichtbar machen wird. Wir erkennen auch, daß wir innerhalb dieser Zeit der Opposition des Saturn von 1907 zweimal genau auf die Schärfe des Ringsystems sehen mußten, und daß die Sonne einmal diese Schärfe genau beschien.

Während dieser Periode ist natürlich Saturn mit den besten Fernrohren der Neuzeit auf das sorgfältigste verfolgt worden, namentlich mit den beiden Riesenrefraktoren der Licksternwarte und des Yerkes-Observatoriums. An beiden Orten verschwand der Ring niemals vollständig, wie es in mittleren Instrumenten der Fall war. Es zeigte sich zu beiden Seiten der Kugel eine schmale, nirgends unterbrochene Lichtlinie, die in ihrem schmalsten Zustande zu 0,1" Breite geschätzt wurde, woraus man die wahre Dicke der Ringe zwischen 30 und 60 km berechnen konnte. Sie sind also »papierdünn« im Vergleich zu ihren andern beiden Dimensionen. Bei dieser Gelegenheit sah man wieder, wie auch bei früheren, selbst bis 1774 zurück, daß sich zu der Zeit, wo man nur die dunkle Seite der Ringe sehen konnte, rechts und links von der Kugel je zwei deutliche *Lichtknoten* in der schmalen Linie befanden, die ihren Ort zur Kugel nicht veränderten. Da wir noch sehen werden, daß die Ringe sich sehr schnell um sich selbst drehen, so konnten diese Verdichtungen in Wirklichkeit nicht in den Ringen vorhanden sein. Man hat sie als Lichtreflexe gedeutet, die durch den Schleierring und die Cassinische Trennung auf die »Rückseite«, das heißt die unbeleuchtete, hinüberfallen.

Um unsere Kenntnisse über die Natur dieser geheimnisvollen Gebilde zu vervollständigen, richten wir das Spektroskop auf sie und erfahren, daß sie nicht, wie Saturn selbst, von einer Atmosphäre umgeben oder gar selbst Gasmassen sind. Ferner hat die gleichzeitige Beobachtung der sich gegenüberstehenden Teile der Ringe durch das lichtbrechende Prisma, das uns durch die Linienverschiebungen bekanntlich auch eine gegen uns hin oder von uns hinweg gerichtete Bewegung des leuchtenden Objektes offenbart, ergeben, daß sich das Ringsystem in seiner mittleren Entfernung vom Saturnzentrum in jeder Sekunde um 18 km um sich selbst bewegt, während der Saturnäquator selbst nur eine Geschwindigkeit von 10,3 km besitzt. Zugleich zeigte es sich, daß die Geschwindigkeit der Ringteile mit der Entfernung von Saturn abnimmt. In seltenen Fällen hat man auch direkt Einzelheiten auf einem der Ringe oder dunklere Stellen in der Cassinischen Trennung verfolgen können, die diese Umschwungsbewegungen bestätigten. Es ist damit erwiesen, daß die Saturnringe sich genau so um den Planeten bewegen, wie es ihn umkreisende Monde nach dem Keplerschen Gesetze in der betreffenden Entfernung tun müßten. Die Ringe, denen man aus theoretischen Gründen die Möglichkeit einer festen, flüssigen oder gar gasförmigen Beschaffenheit absprechen mußte, können also nur aus einer großen Schar ganz kleiner Satelliten bestehen, sie sind ein dichter

Asteroidenring des Saturnsystems, und alle Betrachtungen, die wir schon bei ihm entwickelten, haben auch für die Saturnringe Gültigkeit. Eine der interessantesten Parallelen ist beispielsweise der Nachweis, daß sich die Lücken zwischen den Ringen, wie ich seinerzeit zeigen konnte, an Stellen befinden, wo sich die Störungen der äußeren Satelliten des Systems in derselben Weise summieren müßten, wie die Störungen des Jupiter für die betreffenden Planetoiden, die aus diesen Regionen vertrieben wurden. In einem Falle konnte ich eine vorher noch nicht gesehene Trennungslinie errechnen, die nachträglich von *Holden* auf der Licksternwarte wirklich wahrgenommen wurde. Den inneren Schleierring haben wir uns aus Körperchen zusammengesetzt zu denken, die nach der Art des Eros aus den dichteren Ringteilen versprengt sind. Bei der großen Dichtigkeit, mit der die kleinen Körper in den hellen Ringen verteilt sein müssen, kommen zweifellos Kollisionen häufig vor, durch die ihre Tangentialkraft stark vermindert wird, und sie selbst in spiralförmigen Bahnen durch die fortgesetzten Störungen, die in den mit Materie besetzten inneren Teilen des Systems entstehen, dem Saturn immer näher gebracht werden, bis sie als Meteoriten auf seine Oberfläche fallen, beziehungsweise seinem noch gasförmigen Körper einverleibt werden. Also auch hier ein beständiger Wandel der Dinge, auch hier in den scheinbar durch alle Ewigkeiten unveränderlichen Himmelsräumen ein unaufhörliches Werden und Vergehen.

Saturn wird von zehn *Satelliten* umgeben, die sein System, auch abgesehen von den Ringen, zu dem vielgestaltigsten im Sonnenreiche machen. Es befindet sich darunter ein großer, *Titan*, der etwa 4000 km im Durchmesser faßt, also an die großen Jupitersatelliten nahezu heranreicht und schon in kleinen Fernrohren trotz seiner großen Entfernung von uns immer noch leicht gesehen werden kann, da er 9. Größe ist, und zwei allerkleinste, 17. Größe, die nur mit den Hilfsmitteln der modernen Himmelsphotographie unserer Erkenntnis zugänglich gemacht wurden. Und auch, wie bei Jupiter, befindet sich unter ihnen ein rückläufiger Trabant. Mit Ausnahme dieses letzteren bewegen sich alle Monde des Saturn ungefähr in der Ebene der Ringe um ihn, ihren gemeinsamen Ursprung mit diesen verratend, und haben meist sehr geringe Exzentrizitäten. Sie führen in der Reihenfolge ihrer Entfernung vom Hauptplaneten hinweg folgende Namen: *Mimas*, *Enzeladus*, *Tethys*, *Dione*, *Rhea*, *Titan*, *Themis*, *Hyperion*, *Japetus*, *Phöbe*. Die ganze Anordnung des Systems zeigt Analogien sowohl mit dem Sonnen- wie dem Jupitersystem. Die Ringe des Saturn, die wir ihrer Zusammensetzung nach mit dem der Asteroiden verglichen haben, sind dagegen ihrer Stellung nach eher mit dem Körper des Zodiakallichtes in Parallele zu stellen, der sich noch innerhalb der Bahn des ersten Planeten Merkur befindet. Jenseits der Saturnringe begegnen wir gleichfalls dem kleinsten unter den Saturnmonden, wenn wir von jenen absehen, die wir eher als »Planetoiden des Saturnsystems« zu bezeichnen haben. Mimas ist also der Merkur dieses sekundären Systems. Er ist 13. Größe, woraus ein Durchmesser von 470 km zu folgern ist. Namentlich auch weil das winzige Lichtpünktchen sich nur immer sehr wenig von dem hellen Ringe, von dem es nur etwa das Vierfache des Erddurchmessers trennt, entfernen kann, ist es nur in sehr guten Fernrohren direkt zu erkennen. Bis jetzt war ein Fernrohr mit sechs Zoll Öffnung in Madras das kleinste, das Mimas gezeigt hatte, während es mir mit Hilfe eines nur vierzölligen Instrumentes von *Zeiß* unter dem durchsichtigen Himmel Capris gelang, ihn mit allen andern 7 Satelliten wiederholt zu sehen, die ein Fernrohr überhaupt direkt gezeigt hat. Mimas bewegt sich bereits in 22 Stunden 37 Minuten um das Zentrum seines Systems.

Ihm folgt *Enzeladus*, nur eine halbe Größenklasse heller als Mimas, aber wegen seiner etwas größeren Entfernung vom Ringe schon merklich leichter in guten Fernrohren zu unterscheiden. Er mißt nach photometrischen Bestimmungen 590 km, und seine Umlaufszeit beträgt 1 Tag 8 Stunden und 53 Minuten. Wieder etwas größer ist der nächste Mond *Tethys*. Er ist 11. Größe und mißt 920 km. Umlaufszeit: 1 Tag 21 Stunden 18 Minuten. Ihm folgt *Dione*, um ein geringes kleiner als Tethys, mit einer Umlaufszeit von 2 Tagen 17 Stunden 41 Minuten. Nun kommt als fünfter Mond wieder ein etwas größerer, *Rhea*, mit etwa 1200 km Durchmesser und 4 Tagen 12 Stunden und 25 Minuten Umlaufszeit. Zwischen ihm und dem nun folgenden größten, *Titan*, ist eine große Lücke. Die Abstände der sechs bisher genannten Monde vom Saturnzentrum in Halbmessern des Planeten sind: Mimas 3,1; Enzeladus 3,9; Tethys 4,9; Dione 6,2; Rhea 8,7; Titan 20,2. Wir sehen, wie hier eine merkwürdige Ähnlichkeit mit dem Sonnensystem vorliegt, wo sich auch vor dem größten Planeten Jupiter die Lücke der kleinen Planeten befindet, und wo diesem auch verhältnismäßig kleine Planeten, dem Zentrum näher, vorausgehen. Vom Saturnsysteme könnte man in diesem Vergleiche sagen, daß es zwei Merkure, Mimas und Enzeladus, besitzt, worauf dann drei etwas größere Körper für Venus, Erde und Mars folgen. Dann kommt die Lücke, in der sich auch beim Saturn entsprechend kleine Monde, die wir nicht mehr entdecken können, befinden mögen, und weiter stoßen wir dann auf Titan-Jupiter.

Nun aber tritt im Saturnsystem eine Erscheinung auf, die in dem der Sonne zunächst keine Parallele findet. Bis zum nächsten Monde, der in unserm Vergleich als größerer Planet gelten kann, Japetus, der zwar wesentlich kleiner als Titan, aber größer als alle andern Monde ist, also etwa mit Uranus und Neptun, nicht mehr mit Saturn im Sonnensystem zu vergleichen wäre, befindet sich abermals eine große Lücke von 20,2 Saturnhalbmessern zu 58,9 für Japetus. Diese Lücke aber ist inzwischen in unserer Kenntnis von zwei sehr kleinen Körpern ausgefüllt, *Hyperion* und *Themis*, die nun als Planetoiden des Saturnsystems, im Vergleich mit dem Sonnensystem *hinter* Jupiter stehend, zu gelten hätten. Wir wissen schon, daß das Vorhandensein solcher Planetoiden im Sonnensystem heute durchaus wahrscheinlich ist. Die beiden kleinen Körper in dieser Lücke des Saturnsystems bewegen sich in der Entfernung 24,16 für Themis und 24,49 für Hyperion in stark exzentrischen Bahnen in 20 Tagen 20 Stunden und 21 Tagen 7 Stunden um den Planeten, also auf nahe beieinander befindlichen und sich kreuzenden Wegen. Von ihnen ist Hyperion schon 1848 von *Bond*, Themis aber, die nur 17. bis 18. Größe ist, erst 1905 von *Pickering* auf photographischem Wege entdeckt.

Der nun folgende Saturnmond, *Japetus*, bewegt sich in 79 Tagen 8 Stunden um sein Zentrum in einem Abstande von nahezu 59 Saturnhalbmessern. Diese Umlaufszeit erreicht also schon beinahe die des Merkur. Der Mond zeigt dabei in sehr auffälliger Weise eine Eigenschaft, die, wie schon früher erwähnt, wahrscheinlich alle Satelliten besitzen, daß sie nämlich ihr Licht periodisch mit ihrem Umlaufe um den Hauptkörper wechseln. Bei keinem andern Satelliten ist dies aber in so starkem Maße der Fall wie bei Japetus, der in dem westlichen Teile seiner Bahn ein auch in mittleren Fernrohren leicht zu sehendes Objekt ist, während er in der entgegengesetzten Bahnlage nur mit den besten optischen Mitteln noch ganz schwach zu unterscheiden ist. Der Körper muß also zwei das Licht sehr verschieden zurückstrahlende Oberflächenhälften besitzen, und zwar müssen diese so geordnet sein, daß von diesen ungleichen Hälften nicht die eine beständig dem Saturn zugewandt, die andere abgewandt ist, denn dann müßte ja der größte Glanz oder die größte Dunkelheit für uns stattfinden, wenn der Mond gerade hinter oder vor dem Planeten stände, während die Lichtschwankungen in den größten Ausweichungen, Elongationen, ihr Maximum haben. Wir haben also anzunehmen, daß auf der dem Saturn beständig zugekehrten Oberflächenhälfte Japetus bereits zwei sehr verschieden lichtreflektierende Seiten besitzt, die wohl dem Saturn immer in gleicher Weise zugewendet bleiben, nicht aber uns. Diese Ungleichheit der Oberflächenbeschaffenheit kann aber, soviel unsere Betrachtungen über die Entwicklung der Himmelskörper vermuten lassen können, doch nur einmal unter dem Einflusse des Saturn selbst entstanden, müßte also auch ursprünglich zur Richtung des Saturn geordnet gewesen sein, ich meine, zunächst war die eine, lichtstärkere Seite entweder dem Saturn zu- oder abgewandt, und erst später muß durch einen unbekannten Eingriff in die ursprüngliche Ordnung des Systems der Mond um etwa einen Viertelkreis aus seiner ersten Lage verschoben worden sein, damit er uns jetzt in der einen Elongation die dunkle, in der andern die helle Seite zukehrt, statt in der Konjunktion und Opposition. Dies ist ein interessanter Fingerzeig, der uns zum entferntesten der Saturnsatelliten hinüberführt.

Dieser, *Phöbe* genannt, wurde, wie Themis, auf photographischem Wege von *Pickering* zuerst 1898 festgehalten, doch erst 1904 mit Sicherheit als neuer

Saturnmond erkannt und ist gleichfalls von äußerster Kleinheit. Er bewegt sich in dem enormen Abstande von 214 Saturnhalbmessern oder etwa 13 000 000 km um sein Zentrum in 440 Tagen. Nur viermal weiter ist Merkur von der Sonne entfernt, und das Saturnsystem selbst ist durch diese Entdeckung um das Dreifache erweitert worden. Das Merkwürdigste an dem Körper aber ist, daß er sich ebenso wie der letzte neue (VIII.) Jupitermond retrograd um seinen Planeten bewegt, in einer Bahn, die von der Bahnlage aller andern Saturnmonde erheblich abweicht. Hier hat also entweder, wie wir schon bei Japetus vermuten mußten, ein besonderer Eingriff stattgefunden, oder wir haben es auch in Phöbe mit einem »eingefangenen« Körper zu tun, einem kleinen Planeten, der seinerzeit einmal wieder ein solcher werden wird.

Bis 1781 befand sich Saturn nach damaliger Kenntnis an der Grenze des Sonnenreiches und in der vorkopernikanischen Anschauung zugleich auch an den Grenzen der Unendlichkeit, mit deren Symbol, der sich in den Schwanz beißenden Schlange, er sich scheinbar umgeben hatte. In jenem Jahre aber erweiterte sich durch eine zufällige Entdeckung *Herschels* das Sonnensystem auf das Doppelte seiner vorher bekannten Größe. *Uranus*, zuerst für einen schweiflosen Kometen gehalten, von *Laplace* aber als ein die Sonne umkreisender Planet erkannt, der erste, der überhaupt als solcher entdeckt wurde, da die übrigen schon seit dem grauesten Altertum als Wandelsterne bekannt waren, bewegt sich um die Sonne in einer Bahn von der Exzentrizität 0,047, die der des Jupiter etwa gleich ist, in einem Abstande von 19,19 Einheiten oder 2 869 000 000 km in 84 Jahren und 7 Tagen.

Die Helligkeit des schon recht fernstehenden Planeten setzt ihn gerade an die Grenze der Sichtbarkeit mit dem bloßen Auge. Im Fernrohr erscheint uns Uranus als eine matt grünlich leuchtende, nicht recht scharf begrenzt aussehende Scheibe von etwas mehr als 4 Bogensekunden Durchmesser, woraus man auf den wahren *Durchmesser* dieses Weltkörpers von 57 600 km schließt. Danach ist er noch etwa viermal größer als der der Erde. Uranus ist also zwar merklich kleiner als Jupiter und Saturn, aber immer noch größer als alle inneren Planeten. Seine *Masse* ist aber nur noch 14mal größer wie die der Erde, woraus dann seine *Dichtigkeit* zu nur 0,23 von ihr folgt. Die Materie, aus der Uranus gebildet wurde, ist also gerade ebenso leicht wie die des Jupiter. Alle vier äußeren, größeren Planeten, Jupiter, Saturn, Uranus und Neptun, sind aus derart leichten Stoffen geformt, im Gegensatze zu den inneren, Merkur, Venus, Erde und Mars, die unter sich ungefähr gleich dicht, aber drei- bis viermal so dicht sind wie die äußere Planetengruppe. Auch hier wie in vielen andern charakteristischen Zügen zeigt es sich, daß man es in diesen beiden Gruppen mit zwei wesentlich verschiedenen Typen von Weltkörpern zu tun hat.

Die *Albedo* des Uranus ist 0,6, also gleich der des Jupiter, aber geringer wie die des Saturn und der Venus. Wir wissen, daß diese rückstrahlende Kraft uns etwas über die Frage aussagt, wie weit ein Planet vermutlich für unsern Anblick von Wolken verhüllt ist. Uranus ist auch in dieser Hinsicht den übrigen Mitgliedern seiner Gruppe ähnlich. Einzelheiten auf seiner Oberfläche sind nur sehr selten und zweifelhaft gesehen worden. Man hat etwas wie einen hellen oder dunkleren Streifen über seiner Scheibe schimmern sehen, so wie ihn etwa auch Jupiter zeigen würde, wenn man ihn aus so großer Entfernung betrachtete. Niemals aber hat man Sicherheit darüber gewinnen können, wie schnell sich der Planet um seine Achse dreht, und in welcher Richtung sein Äquator liegt. *Barnard* glaubt freilich eine recht beträchtliche Abplattung der Scheibe erkannt zu haben, die an sich durchaus wahrscheinlich ist, aber noch der Bestätigung harrt.

Sehr eigentümliche Schlüsse würde es zulassen, wenn eine spektroskopische Wahrnehmung *Lowells* sich als zweifellos erwiese. Das Spektrum aller äußeren Planeten weicht merklich von dem der inneren ab. Die Atmosphären der beiden Gruppen müssen voneinander verschieden sein. Nun zeigen jene Untersuchungen Lowells, daß das Spektrum des Uranus sowohl wie das des Neptun wieder Abweichungen von denen des Jupiter und Saturn besitzt, die auf das Vorhandensein von *Chlorophyll* schließen lassen. Chlorophyll ist das Pflanzengrün, jener wunderbare Stoff, der unter dem Einflusse des Lichtes imstande ist, die Kohlensäure zu zersetzen und dadurch erst alle Lebensprozesse der Pflanzen und mittelbar auch der Tiere zu ermöglichen. Dieser »Lebensstoff« ist in den Atmosphären der anderen Planeten nicht nachweislich vorhanden. Sollte er an den Grenzen des Sonnenreiches, wo man sich auch an den Grenzen der Lebensmöglichkeit glaubte, auf eine uns unbekannte Weise in so großen Mengen erzeugt worden sein, daß durch ihn neue Wege für eine Entwicklung des Lebendigen geschaffen werden?

Uranus wird von vier Monden umkreist, *Ariel*, *Umbriel*, *Titania* und *Oberon* genannt. Von ihnen sind die beiden nächsten nur mit den besten Fernrohren zu sehen, auch die beiden äußeren Monde sind schwierige Objekte, aber doch etwas größer als die innern, wieder in Übereinstimmung mit dem bei allen Systemen wahrgenommenen Prinzip. Titania, als der größte Mond dieses Systems, mag etwa 900 km messen. Die Entfernungen vom Hauptplaneten sind der Reihe nach 202 000, 285 000, 464 000, 620 000 km, und ihre Umlaufszeiten 2 Tage 12 Stunden 39 Minuten, 4 Tage 3 Stunden 28 Minuten, 8 Tage 16 Stunden 56 Minuten und 13 Tage 11 Stunden 7 Minuten.

Das Seltsamste an diesem ganzen System der Uranusmonde ist ihre Rückläufigkeit, die gewissermaßen eine Übergangsform zu den bereits im Jupiter- und Saturnsystem als rückläufig erkannten Körpern bildet. Die Bahnen der Uranusmonde stehen nämlich nahezu senkrecht auf der Bahn des Planeten selbst. Müssen wir annehmen, daß einmal alle Körper des Sonnensystems in nahezu derselben Ebene sich bewegten, wie es ja heute noch die großen Planeten tun, so hätten diese Monde inzwischen gemeinsam unter einem Einflusse gestanden, der die Bahnen gewissermaßen umgekippt hat. An ein »Einfangen«, wie bei den uns bereits bekannt gewordenen kleinen Monden, kann hier nicht gedacht werden. Sie sind dafür zu groß, und man könnte es sich auch nicht vorstellen, wie alle vier Monde, die sich nahezu in der gleichen Bahnebene bewegen, eine solche *gleichartige* Störung hätten erfahren können. Hier an den Grenzen des Sonnenreiches müssen besondere Vorgänge wahrscheinlich schon in den ersten Zeiten des Werdens des Systems gewaltet haben, die sich für uns im Dunkel der für uns unendlich entfernten Zeit verlieren. Die an der Uranuskugel selbst vermutete Abplattung scheint auf der Bahnebene der Monde senkrecht zu stehen, wie es sein müßte, wenn dem Planeten bereits vor oder während der Entstehung der Monde jener Stoß versetzt worden wäre, der seine Umdrehungsachse derart verschob, daß nun die gleichzeitig abgesonderten Massen der Monde diese abnorme Bahnlage annehmen mußten.

Man hatte die Bewegungen des Uranus um die Sonne kaum mehr als ein halbes Jahrhundert lang verfolgt, als man Abweichungen an ihnen wahrnahm, die sich durch die Anziehung der bis dahin bekannten Körper des Systems nicht mehr erklären ließen. Mit immer größerer Überzeugung schloß man deshalb, daß sich noch jenseits der Uranusbahn ein ziemlich großer Planet befinden müsse, der jenen beständig um merkliche Größen zu sich hinzöge. *Adams* in Cambridge und *Leverrier* in Paris machten sich schließlich an die schwierige Aufgabe, aus diesen Störungen der Uranusbewegung den Ort des störenden Körpers und die Elemente seiner Bahn um die Sonne zu berechnen. Das weltregierende Newtonsche Prinzip von der Anziehung der Massen feierte durch sie den Triumph, einen neuen großen Planeten auf dem Papier aus einem Wust von komplizierten Rechnungen herauszufinden, der dann alsbald auch mit dem leiblichen Auge, in naher Übereinstimmung mit der Rechnung gesehen wurde. Diese Auffindung gelang zuerst in Cambridge auf Anregung Adams; aber durch die Nachlässigkeit des betreffenden Astronomen, der seine Beobachtungen nicht rechtzeitig darauf angesehen hatte, ob sie das gesuchte Objekt enthielten, fiel der ganze Ruhm der großartigen Entdeckung ungerechterweise auf Leverrier, auf dessen Aufforderung es am 23. September 1846 *Galle* auf der Berliner Sternwarte gelang, den errechneten Körper aufzufinden, während er unbewußt schon mehr als einen Monat früher in Cambridge gesehen worden war.

Der neue Körper, der den Namen *Neptun* erhielt, bewegt sich in 30 Sonnenweiten oder 4467 000 000 km in 164 Jahren und 280 Tagen um das Zentrum des Systems. Exzentrizität und Neigung seiner Bahn sind gering.

Sein Scheibchen, von der Helligkeit 9. Größe, ist in mittleren Fernrohren eben noch als solches zu unterscheiden, aber selbst mit starken optischen Mitteln bleibt es ein wenig verschwommen, als ob der Planet keine scharf umkränzte Fläche besäße, vielleicht ein Gasball wäre, dessen Grenzen sich in den Weltraum verlieren. Deshalb ist auch seine Ausmessung recht unsicher geblieben, so daß die Resultate der verschiedenen Beobachter nur ergeben, daß Neptun und Uranus ziemlich gleich groß sein müssen. Bis vor kurzem pflegte man den Neptun größer als Uranus anzugeben, nach neueren Messungen scheint er aber etwas kleiner zu sein. Nach *Barnard* wäre sein wahrer Durchmesser gleich 52 900 km. Daraus ergäbe sich dann seine Dichtigkeit etwa gleich der des Uranus.

Die *Albedo* ist gleichfalls der seines Nachbarplaneten fast gleich. Wir haben also auch bei ihm anzunehmen, daß dichte Wolkenmassen das Sonnenlicht von ihm zu uns zurückstrahlen. Weiteres als etwa noch die Wahrnehmung, daß die Atmosphäre des fernen Weltkörpers der des Uranus ähnlich ist und möglicherweise nach Lowell Chlorophyll, jedenfalls aber ein bei uns nicht vorhandenes Gas enthält, wissen wir von der physischen Beschaffenheit dieser Welt nicht mehr zu ermitteln.

Neptun wird, soviel wir bis jetzt ermitteln konnten, nur von einem *Monde* umkreist, der, damit wir ihn überhaupt noch aus der großen Entfernung sehen können, recht groß sein muß. In Wirklichkeit ist er ein nicht allzu schwer erkennbares Lichtpünktchen 14. Größe, woraus wir entnehmen, daß seine wahre Größe etwa der unseres Erdmondes gleichkommt. Die mittlere Entfernung ist bei einer Umlaufszeit von 5 Tagen 21 Stunden 3 Minuten gleich 14,7 Halbmessern des Planeten. Er befindet sich also vergleichsweise in einer Region, wo sich bei den andern Systemen dessen größere Körper bewegen. Es ist auch aus diesem Grunde zu vermuten, daß Neptun noch andere kleine Monde besitzt, die nur unsern Instrumenten nicht mehr zugänglich sind. Ein solcher kleinerer Mond ist wahrscheinlich 1892 von *Schäberle* mit dem großen Lickrefraktor gesehen worden.

Auch der große Neptunmond bewegt sich rückläufig um seinen Hauptplaneten, und zwar ist bei ihm die Bahnebene noch weit mehr als bei den Uranusmonden nach der andern Seite »umgekippt«. Ist die Neigung dieser letzteren Bahnen etwa gleich 98°, so begegnen wir hier einer solchen von 143°, so daß sie sich schon auf der andern Seite wieder der Normalebene der Planetenbewegung nähert. Die geheimnisvolle Wirkung, deren Spuren wir an diesen Grenzgebieten des Sonnensystems erkennen, hat hier also am stärksten eingegriffen.

Mit Neptun sind wir an der letzten Grenze des uns bekannten Sonnensystems angelangt. Aber schon seit längerer Zeit vermutet man, daß wir damit die wahren Grenzen noch nicht erreicht haben. Verstärkt wird in neuerer Zeit diese Vermutung durch die Entdeckung der kleineren Monde bei Jupiter und Saturn, die deren Systeme so sehr erweitert haben, und durch die merkwürdige, prinzipielle Ähnlichkeit im Aufbau aller dieser Systeme. Die Ausdehnung des Jupitersystems hat sich in unserer Kenntnis durch die Entdeckung des VIII. Mondes seit der des allbekannten IV. Mondes fast um das Zwanzigfache erweitert, und das des Saturn, der bereits von dem schon längere Zeit bekannten Monde Japetus in ungewöhnlich großer Entfernung umkreist wird, ist seitdem durch die Entdeckung des 10. Mondes, Phöbe, um das Vierfache vergrößert worden. Es ist gar kein Grund einzusehen, weshalb nicht der ungeheuere Raum bis zu unserer Nachbarsonne, dem Sterne Alpha im Zentauren, noch mit einer ganzen Reihe von Planeten ausgefüllt sein sollte. Bis zu dieser nächsten Sonne sind es nach neueren Messungen noch 270 000 Entfernungen unserer Sonne von uns oder 9000 Neptunsweiten. Bis zur Hälfte dieser Entfernung könnte sich also unser System noch ausdehnen, ehe ein Weltkörper zum Überläufer in das Nachbarreich werden könnte, wenn die Kraft der Herrscherin über dieses von ähnlicher Größe ist wie die der unsrigen, was annähernd der Fall ist. Für das System von Alpha Centauri, fand man die Masse, die der Gesamtanziehung aller ihm angehörigen Körper entspricht, gleich 1,8 Sonnenmassen.

Man hat schon seit längerer Zeit den Versuch gemacht, wenigstens von dem nächsten dieser vermuteten *transneptunischen Planeten* durch seine Wirkungen auf bekannte Körper des Systems eine Spur zu entdecken. Durch etwaige Abweichungen der Bewegungen des Neptun selbst von der Theorie nach dem Rezept, durch das Adams und Leverrier den Neptun selbst errechnet hatten, war hier schwerlich etwas anzufangen, weil Neptun zu seiner Entdeckung und bei seiner langsamen Bewegung bisher nur ein zu kleines Stück seiner Bahn zurückgelegt hat, um daraus Unregelmäßigkeiten jener Art nachweisen zu können. W. H. *Pickering* ist deshalb in jüngster Zeit noch einen Schritt weiter zurückgegangen und hat durch ein graphisches Verfahren Störungen dieses gesuchten Planeten nachzuweisen versucht, die er über Neptun hinaus auf Uranus und selbst vielleicht noch Saturn ausübt. Man wird es verstehen, daß zwei Planeten, die sich in ihrem Laufe gelegentlich überholen, so aufeinander wirken müssen, daß sie *vor* ihrer größten Nähe zueinander sich in einer bestimmten Richtung beeinflussen, die *nach* dieser Stellung sich umkehren muß. Die Abweichungen von der Theorie durch einen noch unbekannten Körper müssen also Wellenlinien zeigen, die seinen Ort verraten können. Pickering untersuchte zunächst die Bewegungen von Uranus und Saturn ohne Rücksicht auf die Störungen des Neptun und hätte dadurch in der Tat das Vorhandensein des Neptun nachweisen können. Dieses Verfahren, auf die für die Wirkung des Neptun korrigierten Bewegungen des Uranus und Saturn angewandt, ergab wirklich kleine, wellenförmig verlaufende Ausweichungen, die von einem solchen Planeten jenseits der Neptunbahn herrühren könnten, wenngleich die geringe Größe der Ausweichungen, die für Uranus 4" nicht übersteigen und für Saturn nur noch 1" bis 2" betragen, die Frage mit einer größeren Wahrscheinlichkeit nicht mehr zu entscheiden vermag. Der Ort des vermuteten Planeten würde für 1900 etwa in 106° Länge gewiesen sein, und dieser müßte sich in ungefähr 373 Jahren um die Sonne bewegen.

Außer den Planeten, die durch solche unbekannten Körper gestört werden können, gibt es aber noch viele andere, dem Sonnensystem angehörige Körper, die sogar weit über die Neptunbahn hinauswandern und also jenem problematischen Körper gelegentlich nahekommen können, um dann zu andern Zeiten in unserer Nähe sichtbar zu werden: die *Kometen.* Viele dieser Gestirne sind durch die bekannten Planeten derart aus ihrer Bahn gelenkt worden, daß man diesen Einfluß genau ermitteln und angeben kann, wie und wann diese »Störung« vor sich gegangen ist. Von Jupiter weiß man, daß er nicht weniger als 23 Kometen »eingefangen« hat; für Neptun kennt man fünf. Nun gibt es aber noch eine Gruppe von Kometen, deren gegenwärtige Bahnen durch den Einfluß solcher transneptunischen Planeten wohl entstanden sein könnten. In diesem Sinne hat man schon vor etwa einem Jahrzehnt einen Planeten vermutet, der in einem Abstande von etwa 50 Sonnenentfernungen in 360 Jahren, also nicht sehr verschieden von dem Pickeringschen Planeten, die Sonne einmal umkreisen würde. *Grigull* in Münster hatte diesen Planeten, den er so errechnet hatte, sogar schon Hades getauft und seinen Ort in der Nähe des Frühlingspunktes angegeben. Ebenso hatte *Forbes* schon vor längerer Zeit den Ort eines solchen Körpers berechnet, und man hat danach photographisch auf der Kapsternwarte geforscht, aber mit negativem Resultat. Gegenwärtig sind weitere rechnerische Versuche in dieser Richtung angestellt worden, so von dem Pariser *Gaillot* und dem Amerikaner *See.* Nach diesen könnten mehrere Planeten jenseits des Neptun vorhanden sein. Nach See hätte der nähere dieser Körper, für den er den Namen Ozeanus vorschlägt, einen Abstand von nur 41¼ Sonnenentfernungen, also nur die anderthalbfache Entfernung des Neptun, ein zweiter stände dagegen in etwas weniger als der doppelten Entfernung, 56 Einheiten, und darüber hinaus sei vielleicht noch ein dritter in 72 jener Einheiten vorhanden. Diese drei Planeten vollenden ihren Umlauf in 272, 420 und 610 Jahren. Auch der Pariser Rechner kommt für die beiden ersten Planeten zu ähnlichen Zahlen, d. h. zu 45 und 60 Abständen von der Sonne. Ob diese Rechnungen jemals durch wirkliche Entdeckungen bestätigt werden, bleibt höchst zweifelhaft. Befänden sich diese Körper selbst noch innerhalb der Grenzen der Empfindlichkeit unserer entdeckenden photographischen Platten, so würde man sie für kleine Fixsterne halten, weil ihre sehr langsame Bewegung sie als Punkte wie die Fixsterne wiedergäbe. Es müßte schon ein besonderer Zufall die Entdeckung begünstigen.

So sind wir also am Ende unserer Betrachtungen über das Sonnenreich angelangt. Wir sind darin den verschiedenartigsten Himmelswesen begegnet, von denen allem Anschein nach nur unsere nächsten Nachbarn beiderseits, Venus und Mars, engere verwandtschaftliche Züge mit unserer Erdenwelt besitzen. Wir unterschieden dann die inneren Planeten, Merkur, Venus, Erde, Mars, von den durch den Hauptschwarm der Asteroiden getrennten äußeren Planeten, Jupiter, Saturn, Uranus und Neptun, in deren Weltorganisation wir uns nur noch schwer versetzen können, schon weil sie wegen ihrer bedeutenden Größe und der geringen Dichtigkeit ihrer Massen ganz andere physikalische Verhältnisse aufweisen, als wir sie auf der Oberfläche unseres Weltkörpers kennen. Unter den äußeren Planeten bildeten dann wieder einerseits Jupiter und Saturn, andererseits Uranus und Neptun Untergruppen, die charakteristische Unterschiede zeigten. Bedeutungsvoll erschien uns ferner die Ähnlichkeit in den Anordnungen der beiden großen Mondsysteme des Jupiter und Saturn mit der des Sonnensystems selbst. Jene sind, zwar nicht pedantisch genau – denn die Natur wiederholt sich überhaupt niemals sozusagen photographisch –, doch bis in auffällige Einzelheiten prinzipiell gleichartig aufgebaute, kleinere Weltsysteme, die sich dem größeren angliedern, wie sich denn im ganzen Weltgeschehen immer kleinere Wellenzüge auf die größeren, sie nur kräuselnd, setzen. Alles wiederholt sich, aber nichts gleicht sich. Unendliche Vielseitigkeit in wunderbarer Einheit des weltbeherrschenden Prinzips!

▣